前　言

"王道考研系列"辅导书由王道论坛（cskaoyan.com）组织名校状元级选手编写，这套书不仅参考了国内外的优秀教辅，而且结合了高分选手的独特复习经验，包括对考点的讲解及对习题的选择和解析。"王道考研系列"单科辅导书，一共 4 本：
- 《2024 年数据结构考研复习指导》
- 《2024 年计算机组成原理考研复习指导》
- 《2024 年操作系统考研复习指导》
- 《2024 年计算机网络考研复习指导》

我们还围绕这套书开发了一系列计算机考研课程，赢得了众多读者的好评。这些课程包含考点精讲、习题详解、暑期直播训练营、冲刺串讲、带学督学和全程答疑服务等，可以通过封底二维码加客服微信咨询。王道的课程同样是市面上领先的计算机考研课程，对于基础较为薄弱或"跨考"的读者，相信王道的课程和服务定能助你一臂之力。此外，我们也为购买正版图书的读者提供了 23 课程中的考点视频和课件，读者可凭兑换码兑换，23 统考大纲没有变化，该视频和本书完全匹配。考点视频升华了王道单科书中的考点讲解，强烈建议读者结合使用。

在冲刺阶段，王道还将出版 2 本冲刺用书：
- 《2024 年计算机专业基础综合考试冲刺模拟题》
- 《2024 年计算机专业基础综合考试历年真题解析》

深入掌握专业课的内容没有捷径，考生也不应抱有任何侥幸心理。只有扎实打好基础，踏实做题巩固，最后灵活致用，才能在考研时取得高分。我们希望辅导书能够指导读者复习，但学习仍然得靠自己，高分不是建立在任何空中楼阁之上的。对于想继续在计算机领域深造的读者来说，认真学习和扎实掌握计算机专业的这四门基础专业课，是最基本的前提。

"王道考研系列"是计算机考研学子口碑相传的辅导书，自 2011 版首次推出以来，就始终占据同类书销量的榜首位置，这就是口碑的力量。有这么多学长的成功经验，相信只要读者合理地利用辅导书，并且采用科学的复习方法，就一定能收获属于自己的那份回报。

"不包就业、不包推荐，培养有态度的码农。"王道训练营是王道团队打造的线下魔鬼式编程训练营。打下编程功底、增强项目经验，彻底转行入行，不再迷茫，期待有梦想的你！

参与本书编写工作的人员主要有赵霖、罗乐、徐秀瑛、张鸿林、韩京儒、赵淑芬、赵淑芳、罗庆学、赵晓宇、喻云珍、余勇、刘政学等。予人玫瑰，手有余香，王道论坛伴你一路同行！

对本书的任何建议，或有发现错误，欢迎扫码与我们联系，以便于我们及时优化或纠错。

风华漫舞

目　　录

计算机专业基础综合考试模拟试卷（一）参考答案 ……………………………………… 1

计算机专业基础综合考试模拟试卷（二）参考答案 ……………………………………… 12

计算机专业基础综合考试模拟试卷（三）参考答案 ……………………………………… 24

计算机专业基础综合考试模拟试卷（四）参考答案 ……………………………………… 34

计算机专业基础综合考试模拟试卷（五）参考答案 ……………………………………… 45

计算机专业基础综合考试模拟试卷（六）参考答案 ……………………………………… 57

计算机专业基础综合考试模拟试卷（七）参考答案 ……………………………………… 69

计算机专业基础综合考试模拟试卷（八）参考答案 ……………………………………… 81

全国硕士研究生入学统一考试
计算机科学与技术学科联考
计算机专业基础综合考试模拟试卷（一）参考答案

一、单项选择题（第 1～40 题）

1. B	2. C	3. C	4. C	5. D	6. D	7. D	8. D
9. C	10. D	11. A	12. B	13. D	14. A	15. C	16. B
17. C	18. D	19. A	20. A	21. C	22. D	23. C	24. B
25. B	26. A	27. D	28. D	29. C	30. A	31. A	32. D
33. A	34. B	35. A	36. D	37. D	38. A	39. B	40. C

01. B。【解析】本题考查链表、顺序表。
需要经常插入、删除，所以不能是顺序表而是链表，又保存在一块连续空间，宜使用静态链表，因此选 B。

02. C。【解析】本题考查循环队列的性质。
区分循环队列队空还是队满有 3 种方法：①牺牲一个存储单元；②增设表示元素个数的变量；③设标记法。这里采用第二种方法。因为元素移动按 rear = (rear + 1) MOD m 进行，即若队列没有循环时（即队列没有越过数组的头尾），队头应该在队尾的左侧，即数组下标小的位置，详细来算应当是数组下标为 rear−(length−1)的位置（因为 Q[rear]本身占用一个位置，所以减去的长度不是 length，而是 length−1），然而光是这样，如果队列越过了数组头尾，那么会导致算出来的队头为负数，所以这里可以给这个式子加上一个数组长度再取模，即 (rear−length−1+m) MOD m，这样当队列没有越过数组边界时，由于取模的存在，因此能保证结果的正确，而当队列越过了数组边界时，由于加了 m 因此结果正确。
【另解】特殊值代入法：对于循环队列，选项 A 无取 MOD 操作，显然错误，直接排除。考虑队列中只有一个元素的情况，设 length 等于 1，rear 等于 0，那么此时 front 也应该 = rear = 0，代入 B、C、D，显然仅有 C 符合。

03. C。【解析】考查递归调用的特点。
该递归算法的定义为

$$X(n)=\begin{cases} X(n-2)+X(n-4)+1, & n>3 \\ 1, & n\leq 3 \end{cases}$$

即当参数值小于等于 3 的时候，整个流程调用 X(n)一次，而当参数值大于 3 时，整个流程调用 X(n)至少 3 次（第一次即本次调用，第二次为 X(n−2)，第三次为 X(n−4)）。
X(X(5))递归调用的执行结果如下：

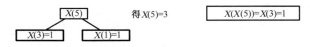

一个方块代表一次调用，一共调用了 4 次。

04．C。【解析】考查二叉树结点数量之间关系的性质。

按照二叉树结点数的关系有 $N_0 = N_2 + 1$，而题中有 24 个叶子结点即为有 24 个度为 0 的结点，有 28 个仅有一个孩子的结点即为有 28 个度为 1 的结点，按照公式 $N_0 = N_2 + 1$，即 $N_2 = N_0 - 1 = 24 - 1 = 23$，所以树的结点的总数为 $N_0 + N_1 + N_2 = 24 + 28 + 23 = 75$，故 C 正确。

05．D。【解析】本题考查几种特殊二叉树的性质。

对于 A，满二叉树，设层数为 h，则 $2^h - 1 = n$，求出 h，叶结点都在最后一层上，即叶结点数为 2^{h-1}。对于 B，在完全二叉树中，度为 1 的结点数为 0 或 1，$N = 2N_0 + N_1 + 1$，则 $N_0 = \lfloor(n+1)/2\rfloor$。对于 C，哈夫曼树只有度数为 2 和 0 的结点，$N_0 = N_2 + 1$，$N_0 + N_2 = n$，即 $N_0 = (n+1)/2$ 可得叶结点个数。对于 D，则无法求出叶结点个数。

06．B。【解析】本题考查平衡二叉树的旋转。

由于在结点 A 的右孩子（R）的右子树（R）上插入新结点 F，A 的平衡因子由 -1 减至 -2，因此以 A 为根的子树失去平衡，需要进行 RR 旋转（左单旋）。

RR 旋转的过程如下图所示，将 A 的右孩子 C 向左上旋转代替 A 成为根结点，将 A 结点向左下旋转成为 C 的左子树的根结点，而 C 原来的左子树 E 则作为 A 的右子树。故调整后的平衡二叉树中平衡因子的绝对值为 1 的分支结点数为 1。

注意： 平衡旋转的操作都是在插入操作后，引起不平衡的最小不平衡子树上进行的，只要将这个最小不平衡子树调整平衡，则其上级结点也将恢复平衡。

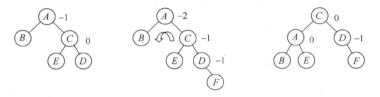

07．D。【解析】本题考查二叉排序树的性质。

二叉排序树的中序序列才是从小到大有序的，I 错误。左子树上所有的值均小于根结点的值；右子树上所有的值均大于根结点的值，而不仅仅是与左、右孩子的值进行比较，II 错误。新插入的关键字总是作为叶结点来插入，但叶结点不一定总是处于最底层，III 错误。当删除的是非叶结点时，根据 III 的解释，显然重新得到的二叉排序树和原来的不同；只有当删除的是叶结点时，才能得到和原来一样的二叉排序树，IV 错误。

08．D。【解析】本题考查图的邻接矩阵和连通性。

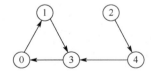

这是有向图，环中的元素必须互相可达，而 0、1、3 就是一个环，I 错误。一个强连通分量中的每个顶点都需要与其他顶点互相可达，而 4 不能到达 2 所以 2 和 4 分属两个强连通分量，有 0-1-3、4、2 共三个强连通分量，II 错误。因为有环所以拓扑序不存在，III 错误。故选 D。

09．C。【解析】本题考查 B 树的高度，磁盘存取次数取决于 B 树的高度。

对有 n 个关键字的 m 阶 B 树，让每个结点中的关键字个数达到最少，则容纳同样多关键字的 B 树的高度达到最大。也就是说，第一层至少有 1 个结点；第二层至少有 2 个结点；除根结点外的每个非终端结点至少有 $\lceil m/2 \rceil$ 棵子树，则第三层至少有 $2\lceil m/2 \rceil$ 个结点……第 $h+1$ 层至少有

$2(\lceil m/2 \rceil)^{h-1}$ 个结点，注意，第 $h+1$ 层是不包含任何信息的叶结点。对关键字个数为 n 的 B 树，叶结点即查找不成功的结点为 $n+1$，由此有 $n+1 \geqslant 2(\lceil m/2 \rceil)^{h-1}$，即 $h \leqslant \log_{\lceil m/2 \rceil}((n+1)/2) + 1$。

10．D。【解析】本题考查堆排序的执行过程。

筛选法初始建堆为{8, 17, 23, 52, 25, 72, 68, 71, 60}，输出 8 后重建的堆为{17, 25, 23, 52, 60, 72, 68, 71}，输出 17 后重建的堆为{23, 25, 68, 52, 60, 72, 71}。建议读者在解题时画草图。

11．A。【解析】本题考查各种排序算法的性质。

本题即分析排序算法的执行过程中，能否划分成多个子序列进行并行独立的排序。快速排序在一趟排序划分成两个子序列后，各子序列又可并行排序；归并排序的各个归并段可以并行排序。而希尔排序分出来的几组子表也可以进行相对独立的排序。因此 II、V 和 VI 满足并行性，而其他选项不能划分成子序列来并行执行排序，故选 A。

12．B。【解析】本题考查根据时钟频率、指令条数和 CPI 来计算程序执行时间。

程序的执行时间 = (指令条数×CPI)/主频 = $1.2 \times 4 \times 10^9 / 2\text{GHz}$ = 2.4s，所占百分比为 $(2.4/4) \times 100\%$ = 60%。

13．D。【解析】本题考查 ASCII 码和奇偶校验码。

英文字母的 ASCII 码是顺序相连的。偶校验就是增加一个校验位，使得整个码串中"1"的个数为偶数。因为"a"的 ASCII 码是 61H，而"g"是第 7 个字母，所以"g"的 ASCII 码应为 61H+6H=67H=1100111B。标准 ASCII 码为 7 位，在 7 位数前增加 1 位校验位。现"g"的 ASCII 码中 1 的个数为 5，根据偶校验的原理，整个码串为 **1**110 0111B = E7H。

14．A。【解析】本题考查强制类型转换及混合运算中的类型提升。

具体计算步骤如下：a + b = 13；(float)(a + b) = 13.000000；(float)(a + b)/2 = 6.500000；(int)x = 4；(int)y = 3；(int)x%(int)y = 1；加号前是 float，加号后是 int，两者的混合运算的结果类型提升为 float 型。故表达式的值为 7.500000。

强制类型转换：格式为"TYPE b = (TYPE)a"，执行后，返回一个具有 TYPE 类型的数值。

类型提升：不同类型数据的混合运算时，遵循类型提升的原则，即较低类型转换为较高类型。

15．C。【解析】本题考查规格化形式。

规格化规定尾数的绝对值应大于等于 $1/R$（R 为基数），并小于等于 1，当基数为 4 时，尾数绝对值应大于等于 1/4，尾数用原码表示，则小数点后面两位不全为 0 即为规格化数。

注意：对于基数为 4 的原码尾数，每右（或左）移 2 位，阶码加（或减）1。

16．B。【解析】本题考查存储芯片的扩展。

RAM 区的地址范围为 0000 1000 0000 0000 0000～1111 1111 1111 1111 1111，由此可知 RAM 区的大小为 31×32KB，(31×32KB)/16KB = 62。

17．C。【解析】本题考查页式存储器中地址映射的计算。

对于本类题，先将物理地址转换为"物理页号+页内地址"的形式，然后查找页表以找出物理页号对应的逻辑页号，然后将"逻辑页号+页内地址"转换为对应的十进制数即可。页面大小为 4KB，即页内地址为 $\log_2 4K = 12$ 位，32773 = 32768 + 5 = 1000 0000 0000 0000B + 101B = 1000 0000 0000 0101B，后 12 位为页内地址，前 4 位为页号。物理页号为 8，对应逻辑页号为 3 = 11B，则逻辑地址 = 11 0000 0000 0101B = 3×4K + 5 = 10240 + 2048 + 5 = 12288 + 5 = 12293。

18．D。【解析】本题考查 CALL 指令的执行。

执行子程序调用 CALL 指令时，需要将程序断点即 PC 的内容保存在栈中，然后将 CALL 指令的地址码送入 PC。取出 CALL 指令后，PC 的值加 2 变为 10002H，CALL 指令执行后，程序断点 10002H 进栈，此时 SP = 00FFH，栈顶内容为 1002H。

注意：PC自增的数量，取决于指令长度。

19．C。【解析】本题考查微程序方式的工作原理。
当执行完公共的取指令微操作（送至指令寄存器IR）后，由机器指令的操作码字段形成其对应微程序的入口地址。选项A中，机器指令的地址码字段一般不是操作数就是操作数的地址，不可能作为微程序的入口地址；另外，微指令中并不存在操作码和地址码字段，只存在控制字段、判别测试字段和下地址字段，B和D显然错误。

20．A。【解析】本题考查总线的定时方式。
在异步定时方式中，没有统一的时钟，也没有固定的时间间隔，完全依靠传送双方相互制约的"握手"信号来实现定时控制。而异步传输方式一般用于速度差异较大的设备之间，I/O接口和打印机之间的速度差异较大，应采用异步传输方式来提高效率。异步定时方式能保证两个工作速度相差很大的部件或设备之间可靠地进行信息交换。
注意：在速度不同的设备之间进行数据传送，应选用异步控制，虽然采用同步控制也可以进行数据的传送，但是不能发挥快速设备的高速性能，因为速度快的设备总是要等待速度慢的设备。

21．C。【解析】本题考查磁盘的读取，磁盘的旋转是单方向的。
未优化时：磁头先转到块2的初始位置，平均花费10ms；然后读块2，花费4ms；接着旋转并读块5和块1，花费16ms；再旋转并读取块4，花费12ms；最后读块3，花费16ms；未优化时总耗时58ms。将请求序列优化排序为1，2，3，4，5，磁头转到块1的初始位置，平均花费10ms；然后依次读取块1，2，3，4，5，花费20ms；则优化后总耗时30ms。平均少花费58 - 30 = 28ms。

22．D。【解析】本题考查异常的分析。
选项A、B、C都是异常，是当前指令无法继续执行下去，需要先处理此异常。而D中的Cache缺失不会影响指令执行，Cache是一种缓存，缺失的话访问内存即可。

23．C。【解析】本题考查进程的状态。
执行I/O指令、系统调用、修改页表都需要切换到核心态执行，通用寄存器清零则不需要切换到内核态执行，故选C。

24．B。【解析】本题考查线程的实现方式。
要注意掌握进程与线程的区别和联系，以及在具体执行中线程与进程扮演的角色和线程的属性。在多线程模型中，进程依然是资源分配的基本单元，而线程是最基本的CPU执行单元，它们共享进程的逻辑地址空间，但各个线程有自己的栈空间。故I对、II错。在一对一线程模型中，一个线程每个用户级线程都映射到一个内核级线程，一个线程被阻塞不影响该进程的其他线程运行状态，故III对、IV错。假如IV是对的，凡是遇到等待I/O输出的线程，都被撤销，这显然是不合理的，某个进程被阻塞只会把该进程加入阻塞队列，当它得到等待的资源时，就会回到就绪队列。

25．B。【解析】本题考查进程调度算法。
要使得平均等待时间最小，需要采取短作业优先调度算法，这几个进程的执行顺序为进程1, 2, 3, 4, 5，等待时间分别为0, 2, 6, 12, 20，所以平均等待时间为8，选B。

26．A。【解析】本题考查互斥信号量的设置。
互斥信号量的初值应为可用资源数，在本题中为可同时进入临界区的资源数。每当一个进程进入临界区，S减1，减到$-(n-m)$为止，此时共有$|S|$个进程在等待进入。

27．B。【解析】本题考察用户线程与线程库。
线程库可以管理用户线程，用户通过库函数调用实现对用户线程的创建调度等操作，不需要

4

内核干预，A 正确，B 错误。操作系统实际上看不到用户线程，所以无法直接调度用户线程，C 正确。线程库位于用户空间，其中线程的切换不会导致进程切换，D 正确。

28．D。【解析】本题考查虚拟存储管理的原理。

按需调页适合具有较好的局部性的程序。堆栈只在栈顶操作，栈底的元素很久都用不着，显然对数据的访问具有局部性。线性搜索即顺序搜索，显然也具有局部性。矢量运算就是数组运算，数组是连续存放的，所以数组运算就是邻近的数据的运算，也满足局部性。二分搜索先查找中间的那个元素，如果没找到，那么再查找前半部分的中间元素或后半部分的中间元素，依此继续查找，显然每次搜寻的元素不都是相邻的，二分搜索是跳跃式的搜索，所以不满足局部性，不适合"按需调页"的环境。

注意：要使得按需调页有效，要紧紧抓住按需调页被提出的前提，那就是程序运行的局部性原理。

29．C。【解析】本题考查页面置换算法。

可以通过模拟的方式来解此题。

访问串	2	0	2	9	3	4	2	8	2	4	8	4	5	7
内存	2	2	2	2	2	4	4	4	4	4	4	4	4	7
		0	0	0	0	0	2	2	2	2	2	2	2	2
				9	9	9	9	8	8	8	8	8	8	8
					3	3	3	3	3	3	3	3	5	5

因此，此时应淘汰 4 号页，选 C。

30．A。【解析】本题考查多级索引下文件的存放方式。

本题是一个简化的多级索引题，根据题意，它采用的是三级索引，那么索引表就应该具有三重。依题意，每个盘块为 1024B，每个索引号占 4 字节，因此每个索引块可以存放 256 条索引号，三级索引共可以管理文件的大小为 256×256×256×1024B ≈ 16GB。

31．A。【解析】本题考查通道管理。

为了实现对 I/O 设备的管理和控制、需要对每台设备、通道及控制器的情况进行登记。设备分配依据的主要数据结构有，系统设备表：记录系统中全部设备的情况。设备控制表：系统为每个设备配置一张设备控制表，用户记录本设备的情况。控制器控制表：系统为每个控制器设置一张用于记录本控制器情况的控制器控制表，它反映控制器的使用状态及于通道的链接情况等。通道控制表：用来记录通道的特性、状态及其他的管理信息。

32．D。【解析】本题考查磁盘的缓冲区。

本题需分情况讨论：如果 $T_3 > T_1$，即 CPU 处理数据比数据传送慢，那么磁盘将数据传送到缓冲区，再传送到用户区，除了第一次需要耗费的 $T_1 + T_2 + T_3$ 时间，剩余数据可以视为 CPU 进行连续处理，总共花费 $(n-1)T_3$，读入并处理所用的总时间为 $T_1 + T_2 + nT_3$。如果 $T_3 < T_1$，即 CPU 处理数据比数据传送快，此时除了第一次可以视为 I/O 连续输入，磁盘将数据传送到缓冲区，与缓冲区中数据传送到用户区及 CPU 处理数据，两者可视为并行执行，那么花费时间主要取决于磁盘将数据传送到缓冲区所用时间 T_1，前 $n-1$ 次总共为 $(n-1)T_1$，而最后一次 T_1 时间完成后，还要花时间从缓冲区传送到用户区及 CPU 还要处理，即还要加上 $T_2 + T_3$ 的时间，读入并处理所用的总时间为 $nT_1 + T_2 + T_3$。综上所述，总时间为 $(n-1)\max(T_1, T_3) + T_1 + T_2 + T_3$。

33．A。【解析】本题考查网络体系结构的原则和特点。

网络体系结构是抽象的，它不包括各层协议及功能的具体实现细节，若规定层次名称和功能，则难以保持网络的灵活性。分层使得各层次之间相对独立，各层仅需关注该层需要完成的功能，保持了网络的灵活性和封装性，但网络的体系结构并没有规定层次的名称和功能必须一致，A 正确；不同的网络体系结构划分出的结构也不尽相同，比如 OSI 参考模型与 TCP/IP 模型就不尽相同，B 错误；分层应该把网络的功能划分，而不是把相关的网络功能组合到一层中，C 错误；分层不设计具体功能的实现，D 错误。

注意：典型的如 OSI 参考模型，就很好地体现了网络体系结构设计的初衷。

34. B。【解析】本题考查奈奎斯特定理和香农定理。

物理层基本考查奈奎斯特和香农两个公式，它们是两种方式计算的上界。如果给出了每个码元的离散电平数，就要用奈奎斯特定理；如果给出了信噪比，就要用香农定理。如果同时用，上界就需要取最小值。本题既给出了单个码元的离散电平数，又给出了信噪比，所以奈奎斯特定理和香农定理都要使用：

奈奎斯特定理：速率 $= 2W\log_2 C = 2W \times 2 = 4W$。

香农定理：速率 $= W\log_2(1+S/N) = W\log_2 1001 = 10W$。

速率两者取小，为 4W，所以 $W = 8/4\text{kHz} = 2\text{kHz}$，因此选 B。

35. A。【解析】本题考查停止 – 等待协议和信道利用率计算。

停止 – 等待协议每发出一帧，需要收到该帧的 ack 后才能发送下一帧，确认帧忽略不计（除非明确说明确认帧长），一个发送周期 = 发送时间 + 传输时间，信道利用率 = 发送时间/(发送时间 + 传输时间) = 50%，所以发送时间 = 传输时间 = R_TT = 2×200ms = 400ms，帧长 = 发送时间×传输速率 = 400ms×4kbps = 1600bit = 200B。

36. B。【解析】本题考查流量控制相关协议。

链路层的流量控制有停止 – 等待协议和滑动窗口协议（包括后退 N 帧协议和选择重传协议），这些协议都是 ARQ 协议（自动重传请求协议）。而 PPP 协议是广域网数据链路层协议，不具备流量控制功能。故选 B。

37. C。【解析】本题考查 IP 报头字段的功能和 ICMP 报文。

ICMP 报文作为 IP 分组的数据字段，用它来使得主机或路由器可以报告差错和异常情况。路由器对 TTL 值为零的数据分组进行丢弃处理，并向源主机返回时间超时的 ICMP 报文。

38. A。【解析】本题考查特殊的 IP 地址。

几类重要的特殊地址如下表所示。

特殊地址	Net-id	Host-id	源地址或目的地址
网络地址	特定的	全 0	都不是
直接广播地址	特定的	全 1	目的地址
受限广播地址	全 1	全 1	目的地址
这个网络上的主机	全 0	全 0	源地址
这个网络上的特定主机	全 0	特定的	源地址
环回地址	127	任意	源地址或目的地址

网络的广播地址就是将主机位全部置为 1；/26 表示 32 位 IP 地址中前 26 都是网络号，最后 6 位是主机号。131 的二进制形式为 10000011。根据广播地址的定义，主机段全 1 即为广播地址，即 10111111，转换为十进制为 191，故广播地址为 172.16.7.191。

39. B。【解析】本题考查 TCP 的拥塞控制。

此类题往往综合四种拥塞控制算法，解题时或画出拥塞窗口变化曲线图，或列出拥塞窗口大小变化序列，尤其要注意在拐点处的变化情况。在慢启动和拥塞避免算法中，拥塞窗口初始值为 1，窗口大小开始按指数增长。当拥塞窗口大于慢启动门限后，停止使用慢启动算法，改用拥塞避免算法。此时，慢启动的门限值初始为 8，当拥塞窗口增大到 8 时改用拥塞避免算法，窗口大小按线性增长，每次增长 1 个报文段。当增加到 12 时，出现超时，重新设置门限值为 6（12 的一半），拥塞窗口再重新设为 1，执行慢启动算法，到门限值为 6 时执行拥塞避免算法。按照上面的算法，拥塞窗口的变化为 1, 2, 4, 8, 9, 10, 11, 12, 1, 2, 4, 6, 7, 8, 9,…，从该序列可以看出，第 12 次传输时拥塞窗口大小为 6。

注意：很多考生误选选项 D，原因是直接在以上的序列中从 4 增加到 8。拥塞窗口的大小是和门限值有关的，在慢开始算法中不能直接变化为大于门限值，所以 4 只能最多增加到 6，之后再执行拥塞避免算法。

40. C。【解析】本题考查客户/服务器模式的概念。

客户端是服务请求方，服务器是服务提供方，二者的交互由客户端发起。客户端是连接的请求方，在连接未建立之前，服务器在端口 80 上监听，当确立连接以后会转到其他端口号，而客户端的端口号不固定。这时客户端必须要知道服务器的地址才能发出请求，很明显服务器事先不需要知道客户端的地址。一旦连接建立后，服务器就能主动发送数据给客户端（即浏览器显示的内容来自服务器），用于一些消息的通知（如一些错误的通知）。在客户/服务器模型中，默认端口号通常都是指服务器端，而客户端的端口号通常都是动态分配的。

二、综合应用题

41.【解析】

1）将关键字 {24, 15, 39, 26, 18, 31, 05, 22} 依次插入构成的二叉排序树如下图所示。

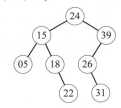

先序遍历序列：24, 15, 05, 18, 22, 39, 26, 31
中序遍历序列：05, 15, 18, 22, 24, 26, 31, 39
后序遍历序列：05, 22, 18, 15, 31, 26, 39, 24

2）各关键字通过 Hash 函数得到的散列地址如下表所示。

关键字	24	15	39	26	18	31	05	22
散列地址	11	2	0	0	5	5	5	9

二次探测法即平方探测法，$d_i = 0^2, 1^2, -1^2, 2^2, -2^2, \cdots, k^2, -k^2$

Key = 24, 15, 39 均没有冲突，$H_0(26) = 0$ 冲突，$H_1(26) = 0 + 1 = 1$ 没有冲突；Key = 18 没有冲突，$H_0(31) = 5$ 冲突，$H_1(31) = 5 + 1 = 6$ 没有冲突；$H_0(05) = 5$ 冲突，$H_1(05) = 5 + 1 = 6$ 冲突，$H_2(05) = 5 - 1 = 4$ 没有冲突，Key = 22 没有冲突，故各个关键字的存储地址如下表所示。

地址	0	1	2	3	4	5	6	7	8	9	10	11	12	13	14	15
关键字	39	26	15		05	18	31			22		24				

没有发生冲突的关键字，查找的比较次数为 1，发生冲突的关键字，查找的比较次数为冲突次数+1，因此，等概率下的平均查找长度为

$$ASL = (1 + 1 + 1 + 2 + 1 + 2 + 3 + 1)/8 = 1.5 \text{ 次}$$

3）首先对以 26 为根的子树进行调整，调整后的结果如图(b)所示；对以 39 为根的子树进行调整，调整后的结果如图(c)所示；再对以 15 为根的子树进行调整，调整后的结果如图(d)所

示：最后对根结点进行调整，调整后的结果如图(e)所示。

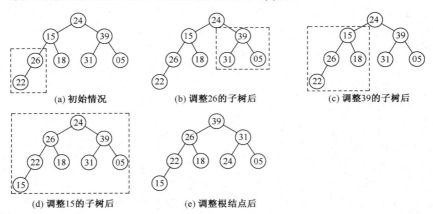

(a) 初始情况 (b) 调整26的子树后 (c) 调整39的子树后

(d) 调整15的子树后 (e) 调整根结点后

42.【解析】

1) 算法的基本设计思想：

由二叉树非递归后序遍历的特点可以知道，当遍历到某一个结点时，栈中的所有结点都是该结点的祖先，而从栈底到栈顶正是从根结点到该结点的路径，所以在非递归后序遍历算法的基础上稍做修改就可完成。

2) 二叉树存储结构如下：

```
typedef struct BiTNode{
 ElemType data;                         //数据域
  struct BiTNode *lchild,*rchild;       //左、右孩子指针
}BTNode,*BiTree;
```

3) 算法的设计如下：

```
#define MaxSize 100
int AncestoPath(BTNode *b, BTNode *s){
BTNode* st[MaxSize];
BTNode *p;
int i,flag,top=-1;
do{
while(b!=NULL){
    st[++top]=b;
    b=b->lchild;
}
p=NULL;                                //p 指向当前结点的前一个已访问结点
flag=1;                                //设置b的访问标记为已访问
while(top!=-1 && flag){
    b=st[top];                         //取出栈顶元素
    if(b->rchild==p){                  //右子树不存在或已被访问，访问之
        if(b==s){                      //找到目标结点，输出路径
            for(i = 0; i <= top; ++i)
                printf("%c ", st[i]->data);
            return 1;
        }
        else{
            top--;
            p=b;                       //p 指向刚才访问的结点
        }
    }
    else{
```

```
            b=b->rchild;                    //b 指向右子树
            flag=0;                         //设置未被访问标记
        }
    }
}while(top!=-1);                            //栈不空时循环
return 0;                                   //其他情况返回 0
}
```

43.【解析】
1）第一种指令是单字长二地址指令，RR 型；第二种指令是双字长二地址指令，RS 型，其中 S 采用基址寻址或变址寻址，R 由源寄存器决定；第三种也是双字长二地址指令，RS 型，其中 R 由目标寄存器决定，S 由 20 位地址（直接寻址）决定。

2）处理机完成第一种指令所花的时间最短，因为是 RR 型指令，不需要访问存储器。第二种指令所花的时间最长，因为是 RS 型指令，需要访问存储器，同时要进行寻址方式的变换运算（基址或变址），这也需要时间。第二种指令的执行时间不会等于第三种指令，因为第三种指令虽然也访问存储器，但节省了求有效地址运算的时间开销。

3）根据已知条件：MOV(OP) = 001010，STA(OP) = 011011，LDA(OP) = 111100，将指令的十六进制格式转换为二进制代码且比较后可知：

① $(F0F1)_H (3CD2)_H$ = 1111 00|00| 1111| 0001 0011 1100 1101 0002，指令代表 LDA 指令，编码正确，其含义是把主存$(13CD2)_H$地址单元的内容取至 15 号寄存器。

② $(2856)_H$ = 0010 10|00| 0101| 0110 指令代表 MOV 指令，编码正确，含义是把 6 号源寄存器的内容传送至 5 号目标寄存器。

③ $(6DC6)_H$ = 0110 11|01| |1100 |0110 是单字长指令，一定是 MOV 指令，但编码错误，可改正为$(29C6)_H$。

④ $(1C2)_H$ = 0000 00|01| |1100| 0010 是单字长指令，代表 MOV 指令，但编码错误，可改正为$(29C2)_H$。

44.【解析】1）MIPS 的编址单位是字节。从图可看出，每条指令 32 位，占 4 个地址，所以一个地址中有 8 位，因为每次循环取数组元素时，其下标地址都要乘以 4，所以 save 数组的每个元素占 4 字节。

2）因为这是左移指令，左移 2 位，相当于乘以 4。

3）从图中第 3 和第 4 条指令可以看出，t0 的编号为 8。

4）指令 "j loop" 的操作码是 2，转换成二进制即 000010B。

5）标号 exit 的值是 80018H，其含义是循环结束时，跳出循环后执行的首条指令地址，即 80014H+4=80018H。

6）标号 loop 的值为 80000H，是循环入口处首条指令的地址，指令中给出的 20000H（占 5+5+5+5+6=26 位）以及低位添加的两位 0（因为这里 MIPS 每条指令都占 4 字节，相当于*4），得到 20000H*4=80000H。

45.【解析】在采用全相联和组相联映像方式从主存向 Cache 传送一个新块，而 Cache 中的空间已被占满时，就需要把原来存储的一块替换掉。LRU 算法（最近最少使用法）是把 CPU 近期最少使用的块作为被替换的块。

1）按字节编址，每个数据块为 256B，则块内地址为 8 位；主存容量为 1MB，则主存地址为 20 位；Cache 容量为 64KB，Cache 共有 256 块，采用两路组相连，所以 Cache 共有 128 组（64K/(2×256)），则组号为 7 位；标记(Tag)的位数为 20 − 7 − 8 = 5 位。主存和 Cache 的地址格式如下图所示：

|主存地址| 5 标记 | 7 组号 | 8 块内地址 |

|Cache地址| 1 | 7 组号 | 8 块内地址 |
　　　　　　组内块号

注意：求解标记、组号和块内地址的方法如下：
① 块内地址位数 = $\log_2$(数据块大小)
② 组号位数 = $\log_2$(Cache 的总组数)
③ 标记号 = 主存总地址位数 − 块内地址位数 − 组号位数

2）将 CPU 要顺序访问的 4 个数的地址写成二进制，可以发现：

20124H = 0010 0000 0001 0010 0100B，组号为 1，即第 2 组的块，根据题中阵列内容的图可知，现在 Cache 内有这个块，是组内的 0 号块，第 1 次访问命中，实际访问的 Cache 地址为 0 0000001 00100100B = 0124H。

58100H = 0101 1000 0001 0000 0000B，组号为 1，即第 2 组的块，根据题中阵列内容的图可知，现在 Cache 内有这个块，是组内的 1 号块，第 2 次访问命中，实际访问的 Cache 地址为 1 0000001 00000000B = 8100H。

60140H = 0110 0000 0001 0100 0000B，组号为 1，即第 2 组的块，但 Cache 中无此块，第 3 次访问不命中，根据 LRU 算法，替换掉第 0 块位置上的块，变化后的地址阵列如下表所示。

| 0 | 01100（二进制） |
| 1 | 01011（二进制） |

60138H = 0110 0000 0001 0011 1000B，组号为 1，是第 2 组的块，与上一个地址处于同一个块，此时这个块已调入 Cache，是组内的 0 号块，所以第 4 次访问命中，实际访问的 Cache 地址为 0 0000001 00111000B = 0138H。第 4 个数访问结束时，地址阵列的内容与刚才相同。

3）Cache 的命中率 $H = N_c/(N_c + N_m) = 5000/(5000 + 200) = 5000/5200 = 25/26$，主存慢于 Cache 的倍率 $r = T_m/T_c = 160\text{ns}/40\text{ns} = 4$，访问效率 $e = 1/[H + r(1 − H)] = 1/[25/26 + 4×(1 − 25/26)] = 89.7\%$。

46.【解析】

1）每个盘块中包含的数据项个数：4KB/4B = 1K。
单个文件最大容量：$(7 + 2×1K + 1K×1K)×4KB = 28KB + 8MB + 4GB$。

2）索引结点保存在内存中，所以磁盘 I/O 次数 = 索引次数 + 读取次数 = 索引次数 + 1。
若数据所在数据块通过直接地址得到，即 $0 \leq i \leq 28K$，磁盘访问 1 次（读 1 次）。
若数据所在数据块通过一次间接地址得到，即 $28K < i \leq 28K + 8MB$，磁盘访问 2 次（索引 1 次 + 读 1 次）。
若数据所在数据块通过二次间接地址得到，即 $28K + 8MB < i \leq 28K + 8MB + 4GB$，磁盘访问 3 次（索引 2 次 + 读 1 次）。

47.【解析】

1）编号 2，3，6 包为主机 A 收到的 IP 数据报，其他均为主机 A 发送的数据报，由主机 A 发送的数据报中的源 IP 地址可知主机 A 的 IP 地址为 c0 a8 00 15。对比编号 2，3，6 包，可知 2 号数据报是来自一个发送方，3，6 号来自同一个发送方，由 2 号帧的源 IP 地址和目的 IP 地址以及其协议字段（ICMP 协议）可知该数据报来自不知名的一方（可能是网络中某个结点），而 3，6 号来自主机 B，则主机 B 的 IP 地址为 c0 a8 00 c0，所以三次握手应该是编号为 1，3，4 的三个数据报。

连接建立后，由主机 A 最后的 4 号确认报文段以及之后发送的 5 号报文段可知 seq 字段为 22 68 b9 91，ack 号为 5b 9f f7 1d，可知主机 A 期望收到对方的下一个报文段的数据中的第一个字节的序号为 5b 9f f7 1d，也就是说如果 B 发送数据给 A，那么首字节的编号就应该是 5b 9f f7 1d。

2）主机 A 从 4 号报文段才可携带应用层数据，所以只需将 4, 5, 7, 8 报文中的数据部分加起来即可，观察 4, 5, 7, 8 号报文的头部长度字段，均为 5，表示 TCP 头部长度均为 5×4B = 20B，由图表可知，从第三行开始的内容均为要传输的数据，其和为 0 + 16 + 16 + 32 = 64B。

3）主机 B 接收到主机 A 的 IP 分组后，会在 8 号报文段的序号字段的基础之上，加上其发送的数据字节数，即为 $(22\ 68\ b9\ a1)_{16} + 32 = (22\ 68\ b9\ c1)_{16}$。

B 在 6 号报文段中指出自己的窗口字段为 (20 00) = 8192B，说明此时 B 还能接收到这么多数据。而之后 A 发送了两个报文段。由 7 号和 8 号报文段的序号和确认号可知，8 号是 7 号的重复发送数据，所以 B 只需要接收 8 号的数据部分，也就是 32B，因此之后 A 还可以发送的字节数为 8192 − 32B = 8160B。

全国硕士研究生入学统一考试
计算机科学与技术学科联考
计算机专业基础综合考试模拟试卷（二）参考答案

一、单项选择题（第 1～40 题）

1. D	2. B	3. D	4. D	5. B	6. D	7. C	8. B
9. C	10. A	11. C	12. C	13. D	14. A	15. D	16. A
17. C	18. D	19. C	20. C	21. D	22. C	23. D	24. A
25. D	26. B	27. B	28. D	29. D	30. C	31. D	32. D
33. B	34. A	35. A	36. A	37. D	38. D	39. D	40. C

01. D。【解析】本题考查时间复杂度。

该程序片段的基本语句为 "y++;"，设其执行次数为 k 次，则 $(k-1+1)(k-1+1) \leq n < (k+1)(k+1)$，有 $k^2 \leq n < k^2 + 2k + 1$，可知 k 为 $\sqrt{n}$ 的线性函数，故时间复杂度为 $O(\sqrt{n})$。

02. B。【解析】本题考查入栈与出栈的顺序关系。

可以模拟各个选项，对于 B，必须先将 1,2,3 入栈，然后先后出栈 3,2，栈中剩 1，下一个出栈元素为 5，所以需要将 4,5 先后入栈，此时栈中元素有 1,4,5，出栈 5，栈内元素有 1,4，下一个出栈元素为 4，但是选项中是 1，所以无法实现，故选 B。

03. D。【解析】本题考查链队列的插入和删除。

链队列有头、尾两个指针：插入元素时，在链队列尾部插入一个新结点，并修改尾指针；删除元素时，在链队列头部删除一个结点，并修改头指针。因此，通常出队操作是不需要修改尾指针的。但当链队列中只有一个元素，且这个唯一的元素出队时，需要将尾指针置为 NULL（不带头结点）或指向头结点（带头结点）。

04. D。【解析】本题考查各种遍历算法的特点。

先序、中序和后序遍历算法访问叶结点的顺序都一样，而层序遍历算法在二叉树的叶结点不在同一层上时，可能先遍历后面的叶结点。因此选 D。

05. B。【解析】本题考查二叉树相关的性质。

若结点数为 n 的二叉树是一棵单支树，其高度为 n。完全二叉树中最多只存在一个度为 1 的结点且该结点只有左孩子，若不存在左孩子，则一定也不存在右孩子，因此必是叶结点，B 正确。高度为 h 的完全二叉树只有当是满二叉树时才具有 C 性质，如下图所示。

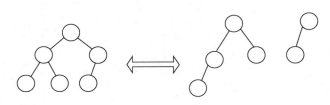

在树转换为二叉树时，若有几个叶子结点有共同的双亲结点，则转换为二叉树后只有一个叶子（最右边的叶子），如下图所示，D 错误。

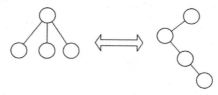

06．D。【解析】本题考查树的性质。

设叶结点数为 n_0，分支结点数为 n_k，则 $n = n_0 + n_k$。根据树的度的性质，除根结点外，其余结点都有一个分支进入，故 $n = kn_k + 1$，得 $n_k = (n-1)/k$，即 $n_0 = n - n_k = n - (n-1)/k = (nk - n + 1)/k$。

07．C。【解析】本题考查平衡二叉树的性质与查找操作。

设 N_h 表示深度为 h 的平衡二叉树中含有的最少结点数，有 $N_0 = 0$，$N_1 = 1$，$N_2 = 2$，…，$N_h = N_{h-1} + N_{h-2} + 1$，$N_3 = 4$，$N_4 = 7$，$N_5 = 12$，$N_6 = 20 > 15$（考生应能画出图形）。也就是说，高度为 6 的平衡二叉树最少有 20 个结点，因此 15 个结点的平衡二叉树的高度为 5，而最小叶子结点的层数为 3，所以 D 错误。选项 B 的查找过程不能构成二叉排序树，故错误。选项 A 根本就不包含 28 这个值，故错误。

08．B。【解析】本题考查无向完全图的性质。

n 个结点的无向完全图共有 $n(n-1)/2$ 条边。对于 $n+1$ 个结点和 $n(n-1)/2$ 边构成的非连通图，仅当 n 个顶点构成完全图、第 $n+1$ 个顶点构成一个孤立顶点的图；若再增加一条边，则在任何情况下都是连通的。n 个顶点构成的无向图中，边数≤$n(n-1)/2$，将 $e = 36$ 代入，有 $n \geq 9$，现已知无向图是非连通的，则 n 至少为 10。

09．C。【解析】本题考查图的存储结构。

邻接矩阵和邻接表既能存储有向图，又能存储无向图，邻接多重表只能存储无向图，十字链表只能存储有向图，Ⅰ、Ⅱ 和 Ⅲ 符合题意，故 C 正确。

10．A。【解析】本题考查堆排序的排序过程。

堆排序的过程首先是构造初始堆，然后将堆顶元素（最大值或最小值）与最后一个元素交换，此时堆的性质会被破坏，需要从根结点开始进行向下调整操作。如此反复，直到堆中只有一个元素为止。经过观察发现，每趟排序都是从未排序序列中选择一个最大元素放到其最终位置，符合大顶堆的性质，初始序列本身就是一个大顶堆，将每趟数据代入验证正确。冒泡排序虽然也可以形成全局有序序列，但是题中的排序过程显然不满足冒泡排序的过程。若是快速排序那么第二趟以 25 为基，则排完的结果应该是 21 15 25 47 84，所以并非快速排序。

11．C。【解析】本题考查多路平衡归并。

m 路平衡归并就是将 m 个有序表组合成一个新的有序表。每经过一趟归并后，剩下的记录数是原来的 $1/m$，则经过 3 趟归并后 $\lceil 29/m^3 \rceil = 1$，4 为最小满足条件的数。

注：本题中 4 和 5 均能满足，但 6 不满足，若 $m = 6$，则只需 2 趟归并便可排好序。因此，还需要满足 $m^2 < 29$，也即只有 4 和 5 才能满足。

【另解】画出选项 A、B、C 对应的满树的草图，然后计算结点数是否能达到或超过 29 个，若 C 能到达，则 D 就不必画了，否则就必然选 D。

12．C。【解析】本题考查计算机的性能指标。

CPI 指执行一条指令所需的时钟周期，CPI = 15MHz/(10×10^6) = 1.5。这里的存储器延迟为迷惑项，与 CPI 的计算无关。

表1 几种经常考查的性能指标

CPU 时钟周期	通常为节拍脉冲或T周期,即主频的倒数,它是CPU中最小的时间单位
主频	机器内部主时钟的频率,主频的倒数是 CPU 时钟周期 CPU 时钟周期 = 1/主频,主频通常以 MHz 为单位,1Hz 表示每秒一次
CPI	执行一条指令所需的时钟周期数
CPU 执行时间	运行一个程序所花费的时间 CPU 执行时间 = CPU 时钟周期数/主频 = (指令条数×CPI)/主频
MIPS	每秒执行多少百万条指令,MIPS = 指令条数/(执行时间×10⁶) = 主频/CPI
MFLOPS	每秒执行多少百万次浮点运算,MFLOPS = 浮点操作次数/(执行时间×10⁶)

13. A。【解析】本题考查小端方式的存储。

小端方式是先存储低位字节,后存储高位字节。假设存储该十六进制数的首地址是 0x00,则各字节的存储分配情况如下表所示。

地址	0x00	0x01	0x02	0x03
内容	78H	56H	34H	12H

注意:大端方式是先存储高位字节,后存储低位字节。小端方式和大端方式的区别是字中的字节的存储顺序不同,采用大端方式进行数据存放符合人类的正常思维。

14. A。【解析】本题考查 IEEE 754 单精度浮点数的表示。

IEEE 754 规格化单精度浮点数的阶码范围为 $-126\sim127$($1-127\sim254-127$),尾数为 1.f。最接近 0 的负数的绝对值部分应最小,而又为 IEEE 754 标准规格化,因此尾数取 1.0;阶码取最小 -127,故最接近 0 的负数为 $-1.0\times2^{-126}=-2^{-126}$。

15. D。【解析】本题考查存储器的多个知识点。

实际上,虚存是为了解决多道程序并行条件下的内存不足而限制了程序最多运行的道数而提出的,即为了解决内存不足,虚拟存储器进行虚实地址转换,需要多次访存(先查找页表),增加了延迟,降低了计算机速度,是一种时间换空间的做法,I 错误。II 描述的是存取周期的概念。Cache 有自己独立的地址空间,通过不同的映射方式映射到主存的地址空间,III 错误。主存也可以由 ROM 组成,如可用于部分操作系统的固化固话、自举程序等,IV 错误。

注:虚存和 Cache 都是计算机存储体系中重要的部分,它们的区别和联系一定要弄清楚,虚存是为了解决内存不足提出的,即是容量问题,使用一部分的辅存来对内存进行一定的扩充,但是这样会导致整体速度的下降,是用时间换空间的做法;而 Cache 则是为了缓和 CPU 与主存的矛盾而设立的,会提高整个存储体系的速度,是一种用金钱换时间的做法。

16. A。【解析】本题考查定长操作码和扩展操作码。

二地址指令操作码长度 $=20-8-8=4$,操作码 $2^4=16$ 种情况。

对于定长操作码操作码位数固定为 4,一个操作码作为零地址,一个操作码作为一地址,最多可以有 $16-2=14$ 条二地址指令。

对于扩展操作码位数不固定,二地址指令最多 15 个,留出一个操作码给分配给零地址和一地址指令共用,比如可以 0000 留给一地址和零地址指令,一地址操作码为 0000 0000 0001~0000 1111 1111,零地址操作码为 0000 0000 0000 0000 0000~0000 0000 0000 1111。

所以定长最多 14 个,变长最多 15 个(因为变长更灵活)。

17．C。【解析】本题考考查寻址方式与 PC 特点。

双字长 = 32bit = 4B，内存按字节编址，PC 当前值为 2000H，读取本条指令后指向下一条指令地址，即 2000H + 4 = 2004H。

18．A。【解析】本题考查字段直接编码的特点。

互斥性微命令是指不能同时或不能在同一个 CPU 周期内并行执行的微命令，反之则是可以并行执行的微命令。字段直接编码将微指令的操作控制字段分成若干段，将一组互斥的微命令放在一个字段内，通过对这个字段的译码，便可对应每个微命令，这样减少了微指令的位数。这样，各个字段的译码输出都是可以并行执行的微命令，提高了微指令的并行执行能力。

19．C。【解析】本题考查符号扩展的方法。

该整数符号位为 1，是负值。负值扩展 8 位，要在符号位后加 8 个 1，符号扩展后为 1111111110010101，十六进制表示为 FF95H。

符号扩展：在高位补符号（即负数补 1，正数补 0）。零扩展：直接在高位补 0。

20．C。【解析】本题考查各种 I/O 方式的特点。

程序查询完全采用软件的方式实现。中断方式通过程序实现数据传送，但中断处理需要相关硬件的实现。DMA 方式完全采用硬件控制数据交换的过程。通道采用软硬件结合的方法，通过执行通道程序（由通道指令组成）控制数据交换的过程。故选 II 和 IV。

21．D。【解析】本题考查地址总线。

地址总线的位数与实际存储单元个数、机器字长还有储存字长都是无关的，如 32 位的地址线，可以仅仅用 2GB 的内存。而 MAR 的位数和其是相关的，一般这二者是相等的。

注意：地址总线的位数和最大存储单元个数相关，也和 MAR 的位数相关。地址总线的宽度决定了 CPU 可以访存的最大物理地址空间。如 32 位的地址线，按字节寻址的可寻址的最大容量为 2^{32}B = 4GB。

22．C。【解析】本题考查外部中断。

选项 A、B 和 D 都是和本条执行的指令有关，是内部中断。而磁盘属于外设，寻道结束会通过外部中断告知 CPU，故选 C。

23．D。【解析】本题考查用户态与核心态。

打开定时器属于时钟管理的内容，对时钟的操作必须加以保护，否则，一个用户进程可以在时间片还未到之前把时钟改回去，从而导致时间片永远不会用完，那么该用户进程就可以一直占用 CPU，这显然不合理。从用户模式到内核模式是通过中断实现的，中断的处理过程很复杂，需要加以保护，但从内核模式到用户模式则不需要加以保护。读取操作系统内核的数据和指令是静态操作，显然无须加以保护。

24．A。【解析】本题考查进程状态的变化。

进程被成功创建后，首先转入就绪态，然后等待调度或请求资源变为其他状态，选 A。

25．D。【解析】本题考查进程的优先级。

由于 I/O 操作需要及时完成，它没有办法长时间保存所要输入输出的数据，因此通常 I/O 型作业的优先级要高于计算型作业，故 I 错误；系统进程的优先级应高于用户进程。作业的优先级与长作业、短作业或者是系统资源要求的多少没有必然的关系。在动态优先级中，随着进程执行时间增加，其优先级降低；随着作业等待时间的增加，其优先级应上升，故 II、III 错误。而资源要求低的作业应当给予较高的优先级，让其更早完成，释放出占有资源，以便其他作业顺利进行；若给资源要求多的作业更高的优先级，则在没有有效手段避免死锁的情况

15

下，多个资源要求多的作业共同工作容易造成死锁，故 IV 错误。

26. B。【解析】本题考查进程同步的信号量机制。
    具有多个临界资源的系统有可能为多个进程提供服务。当没有进程要求使用打印机时，打印机信号量的初值应为打印机的数量，而当一个进程要求使用打印机时，打印机的信号量就减一，当全部进程要求使用打印机时，信号量就为 $M-N=-(N-M)$。综上所述，信号量的取值范围是：阻塞队列中的进程个数～临界资源个数。因此本题中的取值范围为 $-(N-M)\sim M$。

27. B。【解析】本题考查多种内存管理方式。
    固定分区分配中，每个分区是确定的，如果装入该分区的作业大小 < 分区大小，就会产生内部碎片。段式存储管理是采取不定长的段来保存进程的，需要多少就能分配多少，不会产生内部碎片，但有外部碎片。页式存储管理每一页的大小都相同，每个进程的最后一页一般都会有剩余空间未利用而产生内部碎片。段页式是逻辑分段，所以有外部碎片，最终记录时仍然要物理分页，所以也会和页式一样，最后一页产生内部碎片。故选 B。

28. D。【解析】本题考查系统抖动。
    要通过对存储分配的理解来推断系统是否会发生抖动，所以本题同时也需要了解不同的存储分配方案的内容。抖动现象是指刚刚被换出的页很快又要被访问，为此，又要换出其他页，而该页又很快被访问，如此频繁地置换页面，以致大部分时间都花在页面置换上。对换的信息量过大，内存容量不足不是引起系统抖动现象的原因，而选择的置换算法不当才是引起抖动的根本原因，例如，先进先出算法就可能会产生抖动现象。本题中，只有虚拟页式和虚拟段式才存在换入换出的操作，简单页式和简单段式因已经全部将程序调入内存，因此不需要置换，也就没有了抖动现象。这里需要注意简单式和虚拟式的区别。

29. D。【解析】本题考查分页存储管理。
    增加页面的大小一般来说可以减少缺页中断次数，但不存在反比关系，甚至有些时候增大页面大小或者增加可用反而会引起缺页增加（FIFO 算法与 Belady 异常），I 错误。分页存储管理方案解决了一个作业在主存可以不连续存放的问题，注意请求分页存储管理和分页存储管理的区别，II 错误。页面变小将导致页表的增大，即页表占用内存的增大，也可能导致缺页数量的增加，III 错误。虚存大小与地址结构即地址总线的位数有关，IV 错误。

30. C。【解析】本题考查磁盘调度算法。
    向磁道序号增加的方向移动，首先排除 A、B。C 是到达端点后往当前方向相反的方向扫描，D 是到达端点后先回到最小值，不扫描磁道，再往磁道号增大的方向移动。而 SCAN 算法是到达端点后往当前方向相反的方向扫描，故选 C。

31. B。【解析】本题考查设备独立性的定义。
    设备独立性的定义就是指用户程序独立于具体物理设备的一种特性，引入设备的独立性是为了提高设备分配的灵活性和设备的利用率等。

32. C。【解析】本题考查各种输入/输出技术。
    缓冲技术的引入主要解决 CPU 速度和外设速度不匹配的问题，它同时减少了通道数量上的占用，提高了 CPU、I/O 和通道的并发性，减少了中断的次数，放宽了 CPU 对中断响应的时间要求，例如打印、文件访问、网络收发等场合，均要用到缓冲技术。
    注意：并行技术主要是为了提高整机的运行效率和吞吐率；通道技术是为了减少 CPU 对 I/O 操作的控制，提高 CPU 的效率；缓冲技术是为了解决 CPU 和外设的速度不匹配；虚存技术是为了解决存储系统的容量问题。

33．B。【解析】本题考查网络协议中的基本概念。

协议、服务、对等层等基本概念是 OSI 参考模型的重要内容，与分层体系结构的思想相互渗透。对等层是指计算机网络协议层次中，将数据"直接"传递给对方的任何两个同样的层次，因此，对等层之间的通信必须有对等层之间的协议。选项 A 是相邻层之间通信所必需的。上层使用下层所提供的服务必须通过与下层交换一些命令，这些命令在 OSI 中称为服务原语，C 错误。选项 D 是物理层的内容。

34．A。【解析】本题考查简单停止－等待协议机制。

在停止-等待协议中，如果在规定时间内没有收到接收方的确认帧，那么发送方就会重新发送该帧，也就是发送了重复帧。为了避免因为重复帧引起不必要的错误，简单停止-等待协议采用了帧序号机制，即：在规定的时间内未接收到确认帧，即重新发送；此时接收到的帧为重复帧，而序号与前面一帧是相同的。若接收端连续接收到的帧的序号相同，则认为是重复帧；若帧序号不同，则理解为仅仅是内容相同的不同的帧，所以 A 正确。有同学会选择 C，实际上 ACK 机制是用于 TCP 协议中的拥塞控制机制，并不是专门为了解决重复帧问题的。

35．A。【解析】本题考查 CSMA 协议的各种监听。

采用随机的监听延迟时间可以减少冲突的可能性，但其缺点也是很明显的：虽然有多个站点有数据要发送，但因为此时所有站点可能都在等待各自的随机延迟时间，而媒体仍然可能处于空闲状态，所以媒体的利用率较为低下，故 I 错误。1-坚持 CSMA 的优点是：只要媒体空闲，站点就立即发送；它的缺点在于：假如有两个或两个以上的站点有数据要发送，冲突就不可避免，故 II 错误。按照这 p-坚持 CSMA 的规则，若下一个时槽也是空闲的，则站点同样按照概率 p 的可能性发送数据，所以说如果处理得当，那么 p 坚持型监听算法还是可以减少网络的空闲时间的，故 III 错误。

CSMA 有三种类型：

① 非坚持 CSMA：一个站点在发送数据帧之前，先对媒体进行检测。若没有其他站点在发送数据，则该站点开始发送数据。若媒体被占用，则该站点不会持续监听媒体而等待一个随机的延迟时间后再监听。

② 1-坚持 CSMA：当一个站点要发送数据帧时，它就监听媒体，判断当前时刻是否有其他站点正在传输数据。若媒体忙，则该站点等待直至媒体空闲。一旦该站点检测到媒体空闲，就立即发送数据帧。若产生冲突，则等待一个随机时间再监听。之所以叫"1-坚持"，是因为当一个站点发现媒体空闲的时候，它传输数据帧的概率是 1。

③ p-坚持 CSMA：当一个站点要发送数据帧时，它先检测媒体。若媒体空闲，则该站点以概率 p 的可能性发送数据，而有 $1-p$ 的概率会把发送数据帧的任务延迟到下一个时槽。p-坚持 CSMA 是非坚持 CSMA 和 1-坚持 CSMA 的折中。

36．B。【解析】本题考查各种协议的应用。

刚开机时 ARP 表为空，当需要和其他主机进行通信时，数据链路层需要使用 MAC 地址，因此就会用到 ARP 协议。在校园网访问因特网时，肯定会使用到 IP 协议。因为此时访问的是因特网，因特网为外网，所以就需要通过 DHCP 分配公网地址。而 ICMP 协议主要用于发送 ICMP 差错报告报文和 ICMP 询问报文，因此不一定会用到。

37．B。【解析】本题考查以太网中 IP 数据报的分片。

因为 IP 数据报被封装在链路层数据报中，所以链路层的 MTU（最大传输单元）严格地限制着 IP 数据报的长度。以太网帧的 MTU 是 1500B，IP 头部长度为 20B，因此以太网的最大数

17

据载荷是 1480B，故 3000B 的数据必须进行分片，3000 = 1480 + 1480 + 40，共 3 片。

38．B。【解析】本题考查子网划分与子网掩码。
不同子网之间需通过路由器相连，子网内的通信则无须经过路由器转发，因此比较各主机的子网号即可。将子网掩码 255.255.192.0 与主机 129.23.144.16 进行"与"操作，得到该主机网络地址为 129.23.128.0，再将该子网掩码分别与四个候选答案的地址进行"与"操作，只有 129.23.127.222 的网络地址不为 129.23.128.0。因此该主机与 129.23.144.16 不在一个子网中，需要通过路由器转发信息。注意：写这种题的时候要把用到的十进制数转换为二进制表示，不要光凭感觉来选择，否则容易导致错误。

39．D。【解析】本题考查 PDU 在对等层间的处理。
PDU 中装载的是哪一层的数据，就由哪一层来处理该数据，而 PDU 所在的层只负责传输该数据。IP 网络是分组交换网络，每个分组的首部都包含了完整的源地址和目的地址，以便途经的路由器为每个 IP 分组进行路由，即便是同一个源站点向同一个目的站点发出的多个 IP 分组也并不一定走同一条路径，亦即这些 IP 分组可能不一定按序到达目的站点，目的站点的传输层必须进行排序；而一个较大的 IP 分组在传输的过程中，由于途经物理网络的 MTU 可能比较小，因此一个 IP 分组可能将分成若干分组，每个分组都有完整的首部，与普通的 IP 分组没有区别地传输。按照网络对等层通信的原则，接收站点的网络层收到的 IP 分组必须与发送站点发送的 IP 分组相同，所以接收站点的网络层必须把沿途被分片的分组进行重组，还原成原来的 IP 分组，因此重组工作是由网络层完成的。

40．C。【解析】本题考查 UDP 和 TCP 报文格式的区别。
需要理解记忆。UDP 和 TCP 作为传输层协议，源/目的端口（复用和分用）和校验和字段是必须有的。由于 UDP 仅提供尽最大努力的交付服务，不保证数据按序到达，因此不需要序列号字段，而 TCP 的可靠传输机制需要设置序列号字段。UDP 数据报首部包括伪首部、源端口、目的端口、长度和校验和；TCP 首部包括源端口、目的端口、序号、确认号、数据偏移、URG、ACK、PSH、RST、SYN、FIN、窗口、校验和、紧急指针。源端口、目的端口和校验和两者都有，所以选项 A、B、D 错误；TCP 首部有序列号而 UDP 没有。

二、综合应用题

41．【解析】
1）该图对应的邻接矩阵如下：

$$\begin{bmatrix} \infty & 2 & 3 & \infty & \infty & \infty & \infty & \infty \\ \infty & \infty & \infty & 5 & \infty & \infty & \infty & \infty \\ \infty & \infty & \infty & 3 & 10 & \infty & \infty & \infty \\ \infty & \infty & \infty & \infty & 4 & \infty & \infty & \infty \\ \infty & \infty & \infty & \infty & \infty & 3 & \infty & \infty \\ \infty & \infty & \infty & \infty & 2 & \infty & \infty & 6 \\ \infty & \infty & \infty & \infty & \infty & \infty & \infty & 1 \\ \infty & \infty & \infty & \infty & \infty & \infty & \infty & \infty \end{bmatrix}$$

2）只有顶点 V_1 的入度为 0，由此可以得到两个拓扑序列：$V_1, V_2, V_3, V_4, V_6, V_5, V_7, V_8$ 和 $V_1, V_3, V_2, V_4, V_6, V_5, V_7, V_8$。

3）关键路径共 3 条，长 17。依次为 $V_1 \rightarrow V_2 \rightarrow V_4 \rightarrow V_6 \rightarrow V_8$，$V_1 \rightarrow V_3 \rightarrow V_5 \rightarrow V_7 \rightarrow V_8$，$V_1 \rightarrow V_2 \rightarrow V_4 \rightarrow V_6 \rightarrow V_5 \rightarrow V_7 \rightarrow V_8$。

事件	V_1	V_2	V_3	V_4	V_5	V_6	V_7	V_8
最早发生时间	0	2	3	7	13	11	16	17
最晚发生时间	0	2	3	7	13	11	16	17

活动	V_1-V_2	V_1-V_3	V_2-V_4	V_3-V_4	V_3-V_5	V_4-V_6	V_6-V_5	V_5-V_7	V_6-V_8	V_7-V_8
最早开始时间	0	0	2	3	3	7	11	13	11	16
最晚开始时间	0	0	2	4	3	7	11	13	11	16
时间余量	0	0	0	1	0	0	0	0	0	0

4）顶点 V_1 到其他各顶点的最短路径和距离为 2（$V_1 \rightarrow V_2$），3（$V_1 \rightarrow V_3$），6（$V_1 \rightarrow V_3 \rightarrow V_4$），12（$V_1 \rightarrow V_3 \rightarrow V_4 \rightarrow V_6 \rightarrow V_5$），10（$V_1 \rightarrow V_3 \rightarrow V_4 \rightarrow V_6$），15（$V_1 \rightarrow V_3 \rightarrow V_4 \rightarrow V_6 \rightarrow V_5 \rightarrow V_7$），16（$V_1 \rightarrow V_3 \rightarrow V_4 \rightarrow V_6 \rightarrow V_5 \rightarrow V_7 \rightarrow V_8$ 或 $V_1 \rightarrow V_3 \rightarrow V_4 \rightarrow V_6 \rightarrow V_8$）。

42．【解析】采用动态规划法。若记 $b[j] = \max\{\sum_{k=i}^{j} a[k]\}, 0 \leq i \leq j \leq n-1$，则所求最大子段和为 $\max_{0 \leq i \leq j \leq n-1} \sum_{k=i}^{j} a[k] = \max_{0 \leq j \leq n-1} \max_{0 \leq i \leq j} \sum_{i}^{j} a[k] = \max_{0 \leq j \leq n-1} b[j]$。由 $b[j]$ 的定义可知，当 $b[j-1] > 0$ 时，$b[j] = b[j-1] + a[j]$，否则 $b[j] = a[j]$。由此可计算 $b[j]$ 动态规划递归式 $b[j] = \max\{b[j-1] + a[j], a[j]\}$，$0 \leq j \leq n-1$，据此，可设计出求最大字段和的算法如下。

算法思想如下：不妨对数组元素进行一次遍历，下面是选取一个元素加入子段的一般方法。

若一个子段和为 b，那么判断下个元素 $a[k+1]$ 的标准应该为 $b + a[k+1] \geq 0$（因为当 $b < 0$ 时，任意一个正数元素组成的字段都会大于这个子段和，而当 $b + a[k+1] \geq 0$ 时，即使 $a[k+1]$ 为负数，会暂时使得该子段和减小，后面的元素也可能使该子段和增大）。那么不妨设立一个变量存储到目前为止最大的子段和 sum，每新加入一个元素就比较新的子段和与目前最大的子段和，若 $b >$ sum，则代表目前子段和大于之前最大子段和，就使 sum $= b$。而若没有，则继续把下一个元素加入子段，重复上述过程。

而当 $b + a[k+1] < 0$ 时，则可取下个元素作为新子段的第一个元素。再重复直至遍历完数组。

```
int MaxSum(int n,int *a){
    int sum=0,b=0;
    for(int i=0;i<n;i++){
        if(b>0) b+=a[i];
        else b=a[i];
        if(b>sum) sum=b;
    }
    return sum;
}
```

算法的时间复杂度为 $O(n)$，空间复杂度为 $O(1)$。

【另解1】

1）算法的基本思想：

采用分治法。数组($A[0], A[1], \cdots, A[n-1]$)分为长度相等的两段数组($A[0], \cdots, A[n/2]$)以及($A[n/2+1], \cdots, A[n-1]$)，分别求出这两段数组各自的最大子段和，则原数组($A[0], A[1], \cdots, A[n-1]$)的最大子段和分为以下 3 种情况：

a) ($A[0], A[1], \cdots, A[n-1]$)的最大子段与($A[0], \cdots, A[n/2]$) 的最大子段相同。

b) ($A[0], A[1], \cdots, A[n-1]$)的最大子段与($A[n/2+1], \cdots, A[n-1]$)的最大子段相同。

c) ($A[0], A[1], \cdots, A[n-1]$)的最大子段跨过($A[0], \cdots, A[n/2]$)与($A[n/2+1], \cdots, A[n-1]$)。

如果数组元素全部为负，那么结果返回 0。

① 设置 left 和 right。初始化为原数组的开始和结束位置。设置 mid = (left + right)/2，指向数组的中间位置。
② 如果 left == right，返回元素值和 0 的较大者。
③ 计算 A[left...mid]中包含 A[mid]的最大连续数组及其值 Lmax。计算 A[mid + 1...right]中包含 A[mid + 1]的最大连续数组及其值 Rmax。求出跨过中间元素时的最大子段及其最大值 Lmax + Rmax。递归求出 A[left...mid]中的最大连续子数组及其最大值，与 A[mid + 1...right]的最大连续子数组及其最大值。返回三者之中的最大值。

2）算法的实现如下：

```
int MaxSum(int *A,int left,int right){
 if(left==right){              //递归退出条件，只有一个元素
  return max(A[left],0);       //返回元素值与 0 较大者
 }
 int mid=(left+right)/2;       //mid 是数组的中间位置，分治开始
 int Lmax=0;                   //求(A[left],…,A[mid])中包含 A[mid]子数组的最大值
 int Lsum=0;                   //Lmax 是左边最大和，Lsum 是累加和
 for(int i=mid;i>=left;i--){
  Lsum+=A[i];                  //从 A[mid]往左累加
   if(Lsum>Lmax)               //比较
     Lmax=Lsum;
 }
 int Rmax=0;                   //求(A[mid+1],…,A[right])中包含 A[mid+1]子数组的最大值
 int Rsum=0;                   //Rmax 是右边最大和，Rsum 是累加和
 for(int i=mid+1;i<=right;i++){
  Rsum+=A[i];                  //从 A[mid+1]往右累加
   if(Rsum>Rmax)               //比较
     Rmax=Rsum;
 }
 //递归求 1)2)情况下的连续子数组最大和，并返回 1)2)3)种情况下的最大值
 //Lmax+Rmax 为第三种情况下连续子数组最大和
 //MaxSum(A,left,mid)递归求 A[left...mid]的连续子数组最大和
 //MaxSum(A,mid+1,right)递归求 A[mid+1,right]连续子数组最大和
 return max(Lmax+Rmax,max(MaxSum(A,left,mid),MaxSum(A,mid+1,right)));
}
```

3）时间复杂度的计算公式为 $T(n) = 2T(n/2) + n$，因此时间复杂度为 $O(n\log_2 n)$。递归树的高度为 $\log_2 n$，每层空间辅助变量为常数，因此空间复杂度为 $O(\log_2 n)$。

【另解 2】使用暴力破解。假设最大的一段数组为 $A[i],\cdots,A[j]$，则对 $i = 0 \sim n-1$ 和 $j = i \sim n-1$，遍历一遍，求出最大的 $Sum(i, j)$即可。长度为 n 的数组有 $O(n^2)$个子数组，求一个长 n 的数组和的时间复杂度为 $O(n)$，因此时间复杂度为 $O(n^3)$，因此性能较差，空间复杂度为 $O(1)$。

43.【解析】
1）指令存储器有 16384 字，即容量有 $16384 = 2^{14}$字，PC 和 IAR 为 14 位；字长为 18 位，IR 和 IDR 为 18 位。数据存储器有 65536 字，即容量有 $65536 = 2^{16}$字，DAR 为 16 位；$AC_0 \sim AC_1$、$R_0 \sim R_2$ 和 DDR 的字长应和数据字长相等，均为 16 位。
2）加法指令"ADD X (R_i)"是一条隐含指令，其中一个操作数来自 AC_0，另一个操作数在数据存储器中，地址由通用寄存器的内容(R_i)加上指令格式中的 X 量值决定，可认为这是一种变址寻址。指令周期的操作流程图如下图所示，相应的微操作控制信号列在框图外。

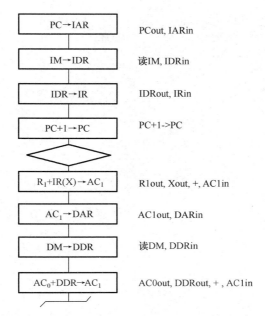

44.【解析】 本题中的流水线使用重复设置瓶颈段的方法来消除瓶颈。B_1、B_2 和 B_3 段是本题的关键，分为 3 条路径，每条都是 300ns，完全可以满足流水线的输入。

1）在流水线的 B 段，可以同时并行执行 3 条指令。流水线的时空图如下所示。

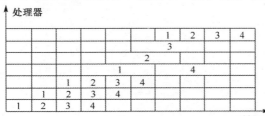

2）完成 4 个任务的周期数为 $T = (100 + 100 + 100 + 300 + 100 + 300)\text{ns} = 1000\text{ns}$；任务数为 $N = 4$；则有吞吐率为

$$TP = N/T = (4/1000) \times 10^9 = 0.4 \times 10^7 （条指令/秒）$$

流水线的效率为

$$流水线的效率 = 任务所占面积/总面积 = (4 \times 4 + 3 \times 4)/7 \times 10 = 40\%$$

45.【解析】 第 1 队音乐爱好者要竞争"待出售的音乐磁带和电池"，而且在初始状态下，系统并无"待出售的音乐磁带和电池"，故可为该种资源设置一初值为 0 的信号量 buy1；同样，需设置初值为 0 的 buy2、buy3 分别对应"待出售的随身听和电池""待出售的随身听和音乐磁带"。另外，为了同步买者的付费动作和卖者的给货动作，还需设置信号量 payment 和 goods，以保证买者在付费后才能得到所需商品。信号量 music_over 用来同步音乐爱好者听乐曲和酒吧老师的下一次出售行为。具体的算法描述如下：

```
semaphore buy1=buy2=buy3=0;
semaphore payment=0;
semaphore goods=0;
semaphore music_over=0;
cobegin{
    process boss(){              //酒吧老板
        while(TRUE){
            拿出任意两种物品出售；
```

21

```
            if(出售的是音乐磁带和电池) V(buy1);
            else if(出售的是随身听和电池) V(buy2);
            else if(出售的是随身听和音乐磁带) V(buy3);
        P(payment);                          //等待付费
        V(goods);                            //给货
        P(music_over);                       //等待乐曲结束
        }
    }
    process fan1(){                          //第1队音乐爱好者
        while(TRUE){                         //因为一个进程代表一队,而不是一个爱好者,
                                             //所以这里是//while(true),下同
            P(buy1);                         //等有音乐磁带和电池出售
            V(payment);                      //付费
            P(goods);                        //取货
            欣赏一曲乐曲;
            V(music_over);                   //通知老板乐曲结束
        }
    }
    process fan2(){                          //第2队音乐爱好者
        while(TRUE){
            P(buy2);                         //等有随身听和电池出售
            V(payment);                      //付费
            P(goods);                        //取货
            欣赏一曲乐曲;
            V(music_over);                   //通知老板乐曲结束
        }
    }
    process fan3(){                          //第3队音乐爱好者
        while(TRUE){
            P(buy3);                         //等有随身听和音乐磁带出售
            V(payment);                      //付费
            P(goods);                        //取货
            欣赏一曲乐曲;
            V(music_over);                   //通知老板乐曲结束
        }
    }
} coend
```

46.【解析】

1) 页面大小为 4KB = 2^{12}B,所以页内地址为 12 位。

访问 20A0H,页号为 2,TLB 未命中,页表命中,读取数据并将 2 号页装入 TLB,T_1 = 10ns + 120ns + 120ns = 250ns。

访问 17B5H,页号为 1,TLB 未命中,页表未命中,缺页中断并将 1 号页替换页表中的 0 号页,装入 TLB,访问 TLB 命中,读取数据,T_2 = 10ns + 120ns + 100ms + 10ns + 120ns = 100.00026ms(或者写为 100ms + 260ns)。

访问 25EAH,页号为 2,TLB 命中,读取数据,T_3 = 10ns + 120ns = 130ns。

2) 该进程对应的页标如下:

页号	页框号	有效位
0	—	0
1	221H	1
2	242H	1

3）缺少算法位。

4）页框号 242H，页内地址 5EAH，物理地址为 2425EAH。

47. 【解析】解答前应先明确时延的概念，传输时延（发送时延）是指发送数据时，数据块从结点进入到传输媒体所需的时间，即发送数据帧的第一个比特开始，到该帧的最后一个比特发送完毕所需的时间，发送时延＝数据块长度/信道带宽（发送速率）。传播时延是电磁波在信道中需要传播一定的距离而花费的时间。信号传输速率（发送速率）和信号在信道上的传播速率是完全不同的概率。传播时延＝信道长度/信号在信道上的传播速度。之后，在根据 CSMA/CD 协议的原理即可求解。

1）当 A 站发送的数据就要到达 B 站时，B 站才发送数据，此时 A 站检测到冲突的时间最长，即两倍的传输延迟的时间：

$$T_{max} = 2 \times (4km/(200000km/s)) = 40\mu s$$

当站 A 和站 B 同时向对方发送数据时，A 站检测到冲突的时间最短，即一倍的传输延迟的时间：

$$T_{max} = 4km/(200000km/s) = 20\mu s$$

注意：只有某方在发送数据的同时监测到同一线路上有别的主机也在发送数据，才算检测到冲突，而不是在线路上两端数据"碰撞"的时候，这一点一定要弄清楚。

2）因为已发送数据的位数 ＝ 发送速率×发送时间，所以发送的帧的长短取决于发送时间。而上问中已经算出了发送时间的最大值和最小值，这一问直接利用即可。因此，当检测冲突时间为 $40\mu s$ 时，发送的数据最多，为 $L_{max} = 100Mbps \times 40\mu s = 4000bit$；当检测冲突时间为 $20\mu s$ 时，发送的数据最少，为 $L_{min} = 100Mbps \times 20\mu s = 2000bit$。故已发送数据长度的范围为[2000bit, 4000bit]。

3）距离减少到 2km 后，单程传播时延为 $2/200000 = 10^{-5}s$，即 $10\mu s$，往返传播时延是 $20\mu s$。为了使 CSMA/CD 协议能正常工作，最小帧长的发送时间不能小于 $20\mu s$。发送速率为 100Mbps，则 $20\mu s$ 可以发送的比特数为发送时间×发送速度 ＝ $(20 \times 10^{-6}) \times (1 \times 10^{8}) = 2000$，因此，最小帧长应该为 2000。

4）当提高发送速率时，保持最小帧长不变，则 A 站发送最小帧长的时间会缩短。此时，应相应地缩短往返传播时延，因此应缩短 A、B 两站的距离，以减少传播时延。

全国硕士研究生入学统一考试
计算机科学与技术学科联考
计算机专业基础综合考试模拟试卷（三）参考答案

一、单项选择题（第 1～40 题）

1. C	2. C	3. A	4. C	5. A	6. A	7. D	8. A
9. B	10. C	11. C	12. C	13. B	14. C	15. D	16. B
17. D	18. A	19. C	20. C	21. C	22. D	23. D	24. B
25. D	26. A	27. B	28. C	29. A	30. D	31. A	32. C
33. D	34. B	35. B	36. A	37. D	38. B	39. D	40. C

01. C。【解析】 本题考查算法执行次数的计算。

while 循环每执行一次，i 乘以 2，当执行到第 9 次时，i = 512，此时 while 循环条件依然满足，再执行一次 while 循环后 i = 1024，此时循环条件不再满足，退出 while 循环，打印结果为 1024。

02. C。【解析】 本题考查栈的操作。

对于进栈序列"ooops"，出栈序列为"ooops"，最后两个字符 ps 相同，意味着"ooo"序列进栈后全部出栈。"ooo"的出栈序列种类数对应着不同的出栈顺序。"ooo"全部进栈再出栈，有 1 种；前两个字符"oo"进栈再出栈，有 2 种；进一个字符"o"再出栈，有 2 种，因此共有 1 + 2 + 2 = 5 种。

【另解】n 个数（$1, 2, 3, \cdots, n$）依次进栈，可能有 $C_{2n}^{n}/(n+1) = [(2n)!/(n! \times n!)]/(n+1)$ 个不同的出栈序列，因此"ooo"对应 5 种不同的出栈序列。

03. A。【解析】 本题考查栈的应用。设中间计算结果 S1 = C/D, S2 = (B + C/D)，扫描过程见下表。

扫描字符	运算数栈（扫描后）	运算符栈（扫描后）	说明
A	A		'A' 入栈
−	A	−	'−' 入栈
(	A	− (	'(' 入栈
B	A B	− (	'B' 入栈
+	A B	− (+	'+' 入栈
C	A B C	− (+	'C' 入栈
/	A B C	− (+ /	'/' 入栈
D	A B C D	− (+ /	'D' 入栈
	A B S1	− (+	计算 S1
)	A B S1	− (+)	')' 入栈
	A S2	−	计算 S2
×	A S2	− ×	'×' 入栈
E	A S2 E	− ×	'E' 入栈

扫描到 E 时，运算符栈中的内容依次是"− ×"。

04. C。【解析】考查完全二叉树顺序存储的性质。根据顺序存储的完全二叉树子结点与父结点之间的倍数关系推导。K号结点的祖先为[k/2]，计算两个结点 i 和 j 共同的祖先算法可归结如下：
1）若 i ! = j，则执行 2，否则寻找结束，共同父结点为 i（或 j）。
2）取 max{i, j}执行操作（以 i 为例），i = [i/2]，然后跳回 1）。
根据算法即可算出答案为 2。

05. A。【解析】本题考查完全二叉树的特点。
满二叉树是特殊的完全二叉树，I 正确；从 1 号开始编号的话，完全二叉树编号为 k 的结点，左子树结点为 2k 号、右子树结点为 2k+1 号，II 正确；有可能完全二叉树的第 k 层是最后一层，有些结点是叶结点，导致该层非叶结点 $<2^{k-1}$，III 错误。二叉排序树不一定是完全二叉树，比如有可能所有结点都只有左子树，IV 错误。

06. A。【解析】本题考查特殊二叉树的性质。
对于 I，可能最后一层的叶结点个数为奇数，即倒数第二层上有非叶结点的度为 1。对于 II，显然满足。对于 III，可能存在非叶结点只有一个孩子结点。对于 IV，根据哈夫曼树的构造过程可知所有非叶结点度均为 2。对于 V，可能存在非叶结点只有一个孩子结点。
注意：在哈夫曼树中没有度为 1 的结点。

07. D。【解析】本题考查深度优先遍历和广度优先遍历。
选项 A，先访问顶点 A 和它的三个相邻结点 B、C 和 E，B 无未访问相邻点，再访问 C 的相邻结点 F，后访问 E 的相邻结点 D，是广度优先遍历。选项 B 和 A 是一致的，也是广度优先遍历。选项 C，先访问 A，然后沿着深度一直访问 E、D、F 和 C，最后访问 B，是深度优先遍历。选项 D，先访问 A，然后沿着深度一直访问 E 和 D，接着访问 C，此时不是按照深度遍历的，所以既不是深度优先遍历又不是广度优先遍历。

08. A。【解析】本题考查拓扑排序。
题目所表示的图如下所示：

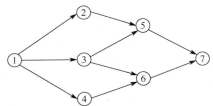

拓扑排序每次选取入度为 0 的结点输出，选项 B 输出 1，3，2 后，6 的入度不为 0；选项 C 输出 1，3，4 后，5 的入度不为 0；选项 D 输出 1，2 后，5 的入度不为 0。

09. B。【解析】本题考查各种查找方法的特点。顺序查找平均查找长度的数量级是 $O(n)$；折半查找平均查找长度的数量级是 $O(\log_2 n)$。分块查找平均查找长度的数量级是 $O(\log_2 K + n/K)$。散列查找的平均查找长度跟装填因子和采用的冲突解决方法有关。二分查找树在最坏情况下的平均查找长度为 $O(n)$，但在关键字随机分布的情况下，用二分查找树的方法进行查找的平均查找长度的数量级为 $O(\log_2 n)$。

10. C。【解析】本题考查二叉排序树、大顶堆、小顶堆、平衡二叉树的性质。二叉排序树中的任一结点 x 大于其左孩子，小于其右孩子，从二叉排序树的任一结点出发到根结点，只要路径中存在左子树关系则必不满足题中降序的条件。同理，平衡二叉树也不满足。小顶堆中的任一结点 x 均小于左右孩子，因此从任一结点到根的路径上的结点序列必然是降序的。而大顶堆刚好相反。

注意：堆存储在一个连续的数组单元中，它是一棵完全二叉树。

11．B。【解析】本题考查排序算法的性质。

因组与组之间已有序，故将 n/k 个组分别排序即可，基于比较的排序方法每组的时间下界为 $O(k\log_2 k)$，因此全部时间下界为 $O(n\log_2 k)$。

12．C。【解析】本题考查部件的"透明性"。

所谓透明是指那些不属于自己管的部分，在计算机系统中，下层机器级的概念性结构功能特性，对上层机器语言的程序员来说就是透明的。汇编程序员在编程时，不需要考虑指令缓冲器、移位器、乘法器和先行进位链等部件。移位器、乘法器和先行进位链属于运算器的设计。

注意：在计算机中，客观存在的事物或属性从某个角度看不到，就称之为"透明"。这与日常生活中的"透明"正好相反，日常生活中的透明就是要公开，让大家看得到。

常考的关于透明性的计算机器件有：移位器、指令缓冲器、时标发生器、条件寄存器、乘法器、主存地址寄存器等。

13．B。【解析】本题考查进制数的转换以及各种运算操作。

将寄存器 R 的前/后内容转为二进制：1001 1110 和 1100 1111。XOR 指令，和 0101 0001 异或即可，A 正确；SAR 指令，算术右移一位可以得到结果，C 正确；ADD 指令，加上 31H 即可，D 正确。有符号乘法指令则因为 9EH 绝对值比 CFH 大，找不到可以相乘的整数，B 错误。

14．C。【解析】本题考查补码减法与标志位。

−3 的机器码为 FFFD，且为小端方式存放，所以地址码部分应该为 FDFF，机器码为 2DFDFF，计算 ax − imm = 7 − (−3) = 10 为正数，SF 标志位应该为 0。

15．D。【解析】本题考查 Cache 映射。

对于全相联的 Cache，物理地址格式为：标记、块内地址。一块 32 位 = 4B，块内地址 2 位，主存 32 位，所以标记 30 位。cache 有 32K 块，每块需要控制位：30（标记）+ 1（有效位）+ 1（脏位）= 32 位。数据加控制位总共 32K×(32 位 + 32 位) = 2048K 位。

16．B。【解析】本题考查 FIFO 算法。FIFO 算法指淘汰先进入的，易知替换顺序如下表所示。

走向	0	1	2	4	2	3	0	2	1	3	2	3	0	1	4
c			2	2	2	2	0	0	0	3	3	3	3	3	3
b		1	1	1	1	3	3	3	1	1	1	1	1	1	4
a	0	0	0	4	4	4	4	2	2	2	2	2	0	0	0
命中否					√			√			√	√		√	

表中除了标注为命中的，其余均未命中，所以命中率为 4/15 = 26.7%。

17．D。【解析】本题考查零地址运算类指令的特点。

零地址的运算类指令仅用在堆栈计算机中。通常参与运算的两个操作数隐含地从栈顶和次栈顶弹出，送到运算器进行运算。容易混淆的是选项 A 或 C，ALU 运算及相关数据通路是控制器内部的具体实现，它只是指令执行过程中的部分步骤。

注：在一些系列机中，可能有部分指令的地址会采取默认的方式选择，例如 8086 中的乘法指令一个乘数默认在 AL 或者 AX 中，不过题目没有注明的条件下不应当拿某个型号来作为例子进行判断。

18．A。【解析】本题考查 RISC 和 CISC 的特征。

RISC 的单个指令格式简单，完成的功能少，指令的数目也少于 CISC（比如说就寻址而言，CISC 就有多种寻址方式，所以指令的数目多于 RISC）。CISC 中不同的指令所花时间也会不同，比如 load 指令可能需要访存，花费的时间当然远大于一个时钟周期，而通常在 RISC 中一个时钟周期执行一条微指令。CISC 采用微程序方式，RISC 采用硬布线方式。

19. C。【解析】本题考查指令周期。

每个指令周期 CPU 比如取指，一定会访存，A 正确。每个指令周期一定大于或等于一个 CPU 时钟周期，B 正确。由于开中断，当前程序在每条指令执行结束时都可能被外部中断打断，D 正确。空操作指令的指令周期 PC 的内容会改变，C 错误。

20. C。本题考查指令流水线。

需要注意的是，流水线的划分方式不是唯一的。本题中第二条、第三条指令会产生 RAW 数据冲突，第三条指令要等待第二条指令写入 ecx 后才能执行，即第三条指令的 ID 在第二条指令的 WB 之后，需要推迟三个阶段，即需要加入三条 nop 指令，流水线的执行情况如下：

IF	ID	EX	MEM	WB					
	IF	ID	EX	MEM	WB				
		nop							
			nop						
				nop					
					IF	ID	EX	MEM	WB

故选 C。

21. C。【解析】本题考查中断方式的原理。中断周期中关中断是由隐指令完成，而不是关中断指令，I 错误。最后一条指令是中断返回指令，II 错误。CPU 通过 I/O 指令来控制通道，III 错误。

22. D。【解析】本题考查 DMA 方式。每传输一个数据块就要向 CPU 发出中断请求，4KB/8Mbps = $4 \times 1024B/(8 \times 10^6 bps)$ = 4096μs。

23. D。【解析】本题考查多道程序系统。多道程序系统有四个特征：并发、共享、虚拟、异步，其中并发和共享是基本特征。单道程序系统具有封闭性，而多道打破了这种封闭性，故选 D。

24. B。【解析】本题考查父进程和子进程。

虽然父进程创建了子进程，它们有一定的关系，但仍是两个不同的进程，有其独立性，撤销一个并不一定会导致另一个也撤销（如在 UNIX 中每个进程都有父进程），父进程撤销以后子进程可能有两种状态：①子进程一并被终止；②子进程成为孤儿进程，被 init 进程领养。所以父进程撤销并不一定会导致子进程也撤销，A、C 错误。父进程创建子进程后两个进程能同时执行，而且这两个进程互不影响，B 正确，D 错误。

25. D。【解析】本题考查进程的状态。

由于系统当前没有执行进程调度程序，所以除非系统当前处于死锁状态，否则总有一个正在运行的进程，其余的进程状态则不能确定，可能处于就绪状态，也可能处于等待状态；所以选项 A、B、C 都是正确的。若当前没有正在运行的进程，则所有的进程一定都处于等待状态，不可能有就绪进程。当没有运行进程而就绪队列又有进程时，操作系统一定会从就绪队列中选取一个进程来变成运行进程。

26. A。【解析】本题考查进程间的通信机制。

低级通信方式：信号量、管程。高级通信方式：共享存储（数据结构、存储区）、消息传递（消息缓冲通信、信箱通信）、管道通信。虚拟文件系统 VFS 可理解为内核将文件系统视为一个抽象接口，属于文件管理。

27. B。【解析】本题考查死锁定理。

根据死锁定理，首先需要找出既不阻塞又不是孤点的进程。对于 I 图，由于 R_2 资源已经分配了 2 个，还剩余一个空闲 R_2，可以满足进程 P_2 的需求，因此 P_2 是这样的进程。P_2 运行结束

27

后，释放一个 R_1 资源和两个 R_2 资源，可以满足 P_1 进程的需求，从而系统的资源分配图可以完全简化，不是处于死锁状态。而对于 II 图，P_1 需要 R_1 资源，但是唯一的一个 R_1 资源已经分配给 P_2；同样，P_2 需要 R_4 资源，而 R_4 资源也只有一个且已经分配给了 P_3；而 P_3 还需要一个 R_2 资源，但是两个 R_2 资源都已经分配完毕了，所以 P_1、P_2、P_3 都处于阻塞状态，系统中不存在既不阻塞又不是孤点的进程，所以系统 II 处于死锁状态。

注意：在进程资源图中，P -> R 表示进程正在请求资源，R -> P 表示资源已被分配给进程（资源只能是被动的）。

28. C。【解析】本题考查存储管理。
在可变分区的地址映射时，通过与基址寄存器拼接可以得到起始物理地址，通过限长寄存器来判断所需的空间是否能满足。

29. A。【解析】本题考查页面置换的相关计算。当物理块数为 3 时，缺页情况如下表所示：

访问串	1	3	2	1	1	3	5	1	3	2	1	5
内存	1	1	1	1	1	1	1	1	1	1	1	1
		3	3	3	3	3	3	3	3	3	3	5
			2	2	2	2	5	5	5	2	2	2
缺页	√	√	√				√			√		√

缺页次数为 6，缺页率为 6/12 = 50%。
当物理块数为 4 时，缺页情况如下表所示：

访问串	1	3	2	1	1	3	5	1	3	2	1	5
内存	1	1	1	1	1	1	1	1	1	1	1	1
		3	3	3	3	3	3	3	3	3	3	3
			2	2	2	2	2	2	2	2	2	2
							5	5	5	5	5	5
缺页	√	√	√				√					

缺页次数为 4，缺页率为 4/12 ≈ 33%。
【注意】当分配给作业的物理块数为 4 时，注意到作业请求页面序列只有 4 个页面，可以直接得出缺页次数为 4，而不需要按表中列出缺页情况。

30. C。【解析】本题考查文件的目录结构。
树形目录结构解决了多用户之间的文件命名问题，即在不同目录下可以有相同的文件名。

31. A。【解析】本题考查磁盘的性能。
降低磁盘块的大小会导致单个文件所占用的磁盘块变多，能增加磁盘 I/O 次数，A 正确。定期对磁盘进行碎片整理可用提高磁盘利用率，能减少磁盘 I/O 次数，B 错误。提前将可能访问的磁盘块加载到内存中、在内存中将磁盘块缓存能变相减少单次 IO 的时间，C 和 D 错误。

32. C。【解析】本题考查 I/O 控制方式的功能。
程序直接控制方式下，驱动程序完成用户程序的 I/O 请求后才结束，这种情况下用户进程在 I/O 过程中不会被阻塞，在内核态进行 I/O 处理。中断控制方向下，驱动程序启动第一次 I/O 操作后，将调出其他进程执行，而当前用户进程被阻塞。DMA 控制方式下，驱动程序对 DMA 控制器初始化后，便发送"启动 DMA 传送"命令，外设开始进行 I/O 操作并在外设和主存之间传送数据，同时 CPU 执行处理器调度程序，转其他进程执行，当前用户进程被阻塞。综上所述，II、III 正确。

33．D。【解析】本题考查可靠服务和不可靠服务。

在网络的传输过程中，数据出错是很难避免的，只有通过检错、纠错、应答机制才能保证数据正确地传输，这种数据传输是可以准确到达目的地的，这种可靠服务是由网络本身（或链路）负责，即可靠服务是通过一系列的机制来保证传输的可靠性的，并不是通过高质量的连接线路，A 错误；不可靠服务是出于速度、成本等原因的考虑，而忽略了网络本身的数据传输的保证机制，但可以通过应用或用户判断数据的准确性，再通知发送方采取措施，从而把不可靠的服务变为可靠服务，B 错误，D 正确；而当网络是可靠的时候，因为检错、纠错、应答机制的存在，所以一定能保证数据最后准确地传输到目的地，C 错误。这题可以注意到 B 和 D 是相对的，基本可以确定两者中必有一个是正确答案。

34．B。【解析】本题考查计算机网络的性能指标。计算机网络的各种性能指标（尤其是时延、吞吐率）是重要考点，时延主要包括发送时延（也称传输时延）和传播时延。电路交换首先建立连接，然后再进行数据传输，因此传送所有数据所需的时间是连接建立时间，链路延迟，发送时间的和，即 $S + hD + L/B$。注意，这里对电路交换不熟悉的同学容易选 C，事实上，电路交换建立链接以后便开始直接传送数据，是不用进行分组的，传送完数据后在断开链接，所以本题与分组相关的信息是多余的。

35．B。【解析】本题考查滑动窗口机制。发送方维持一组连续的允许发送的帧序号，即发送窗口，每收到一个确认帧，发送窗口就向前滑动一个帧的位置，当发送窗口内没有可以发送的帧（即窗口内的帧全部是已发送但未收到确认的帧），发送方就会停止发送，直到收到接收方发送的确认帧使窗口移动，窗口内有可以发送的帧，之后才开始继续发送。发送方在收到 2 号帧的确认后，即 0, 1, 2 号帧已经正确接收，因此窗口向右移动 3 个帧（0, 1, 2），目前已经发送了 3 号帧，因此可以连续发送的帧数 = 窗口大小 − 已发送的帧数，即 4 − 1 = 3。

36．A。【解析】本题考查 CSMA/CD 协议的最小帧长。在发送的同时要进行冲突检测，这就要求在能检测出冲突的最大时间内数据不能发送完毕，否则冲突检测不能有效地工作。所以，当发送的数据帧太短时，必须进行填充。最小帧长 = 数据传输速率×争用期。争用期=网络中两站点最大的往返传播时间 $2\tau = 2 \times (1/200000) = 0.00001$；最小帧长 = 1000000000×0.00001 = 10000bit。

37．A。【解析】本题考查子网划分与子网掩码。一个子网中的所有主机的子网号应该相同，因此若因 IP 地址分配不当，则应联想到可能子网号分配错误（即某台主机与其他三台主机不在同一子网）。这 4 个 IP 地址都是 C 类地址，前 3 个字节是网络号，224 用二进制表示是 1110 0000，因此子网号长度为 3。这 4 个 IP 地址的最后一个字节的二进制表示分别是 0011 1100，0100 0001，0100 0110，0100 1011。考查子网号部分（第 4 字节的前 3 位），选项 B、C 和 D 都是 010，而选项 A 是 001。

38．B。【解析】本题考查路由表的匹配动作。

经过与路由表比较，发现该目的地址没有与之对应的要达到的网络地址，而在该路由表中有默认路由，根据相关规定，只要目的网络都不匹配，一律选择默认路由。所以下一跳的地址就是默认路由所对应的 IP 地址，即 192.168.2.66。

39．B。【解析】本题考查信道利用率。

来回路程的时延等于 128ms×2 = 256ms，吞吐量为 128kbps，为最大发送速率的一半（相当于信道利用率为 50%），说明链路中，发送端只有一半的时间在发送数据，另一半的时间被时延占据，则数据发送时间 = 来回路程的时延 = 256ms，设窗口值为 x 字节，发送量等于窗口值时系统吞吐量等于 128kbps，其发送时间为 256ms，则 $8x/(256 \times 10^3) = 256 \times 10^{-3}$。解得 x = 256×1000×256×0.001/8 = 256×32 = 8192；所以，窗口值为 8192。

40．C。【解析】本题考查 WWW 高速缓存。

WWW 高速缓存将最近的一些请求和响应暂存在本地磁盘中，当与暂存的请求相同的新请求到达时，WWW 高速缓存就将暂存的响应发送出去，从而降低了广域网的带宽。

二、综合应用题

41．【解析】

1) 证法一。反证法：假设有两棵不同的最小生成树，则这两棵不同的最小生成树的边的并集在图中是有环的，在最小生成树中要去掉环中权值最大的边，与假设显然矛盾。

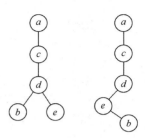

证法二。设图中所有边的序列集合为 A，去掉的边的集合为 B，剩下的边的集合为 C。一开始 $C=A=\Omega$，而 $B=\varnothing$，根据第 3 套模拟卷大题中的破圈法求解最小生成树的方法，每次去掉图中最大的边，直到图中无环为止。每次选择 C 中权值最大的边从 C 中删除，加入 B 中，当图无环时即停止，因为图中各条边的权值各不相同，则去掉的边的权值序列一定相同，那么因为去掉的边的集合相同，即 B 唯一，又因为 $C=A-B$，所以剩下的边的集合也必定相同，即 C 也唯一，所以最小生成树唯一。

注意：利用证法二同样的思想，用 Prim 和 Kruskal 算法都可以同样证明，由于方法大同小异，因此这里就不一一列举，同学们可以自己试着组织下语言。

2) 不一定。当图的最小生成树不唯一时，用 Prim 算法和 Kruskal 算法生成的最小生成树不一定相同。而当自己手算并非计算机执行算法时，就算相同的算法也有可能因为不同的选择而使得最小生成树不同。

3) 图 G 的最小生成树如下：

根据 Kruskal 算法，先把 $d-e$ 的边（权值 20）加入集合，而接下来选择下一条边时，因为有两条权值为 40 的边可以选择，所以不同的选择就会生成出不同的最小生成树，若选择 $b-d$，然后同样出现 $c-d$ 与 $a-c$ 的选择，则不管先选择哪条边，另一条边也会成为下一个选择的对象，所以这里不影响树的结构，最后答案为左边这棵树；若之前第二次选择边的时候选择 $c-b$，则会是右边的最小生成树。

42．【解析】

解法 1

1) 算法的基本设计思想：

注意到旋转之后的数组实际上可以划分成两个排序的子数组，且前面的子数组的元素都大于等于后面子数组的元素，而最小的元素刚好是这两个子数组的分界线。

我们试着用二元查找的思路寻找这个最小的元素。定义两个指针，分别指向数组的第一个元素和最后一个元素。按照题目旋转的规则，第一个元素应该是大于等于最后一个元素的。再定义一个指针指向中间的元素，如果该中间元素位于前面的递增子数组，那么它应大于等于第一个指针指向的元素，此时最小的元素位于右子数组，然后把第一指针指向该中间元素，这样可以在缩小的范围内继续寻找。同样，如果该中间元素位于后面的递增子数组，那么思路和上面是类似的。

按照上述思路，第一个指针总是指向前面递增数组的元素，而第二个指针总是指向后面递增数组的元素。最后，第一个指针将指向前面子数组的最后一个元素，而第二个指针会指向后面子数组的第一个元素，此时两个指针相邻，而第二个指针指向的正好是最小元素。这就是循环结束的条件。

2) 算法的实现如下：

```
int Min(int *numbers,int length){
    if(numbers==0||length<=0)
        return 0;
```

30

```
    int index1=0;                              //第一个指针
    int index2=length-1;                       //第二个指针
    int indexMid=index1;                       //中间指针
    while(numbers[index1]>=numbers[index2]){
        if(index2-index1==1){
            indexMid=index2;
            break;
        }
        indexMid=(index1+index2)/2;
        if(numbers[indexMid]>=numbers[index1])  //在右区间
            index1=indexMid;
        else if(numbers[indexMid]<=numbers[index2])  //在左区间
            index2=indexMid;
    }
    return numbers[indexMid];
}
```

每次都把寻找的范围缩小了一半，时间复杂度为 $O(\log_2 N)$、空间复杂度为 $O(1)$。

解法 2：本题最直观的解法并不难。从头到尾遍历数组一次，就能找出最小元素，时间复杂度显然是 $O(N)$。但这个思路没有利用输入数组的特性。

43.【解析】

1）数组 x 和 y 都按顺序访问，空间局部性都较好，但每个数组元素都只被访问一次，故没有时间局部性。

2）Cache 共有 32B/16B = 2 行；4 个数组元素占一个主存块（现在的计算机中 float 型一般为 32 位，占 4B）；数组 x 的 8 个元素（共 32B）分别存放在主存 40H 开始的 32 个单元中，共占有 2 个主存块，其中 x[0]～x[3]在第 4 块（00H–0FH 为第 0 块，10H–1FH 为第 1 块，以此类推，40H–4FH 为第 4 块，下同），x[4]～x[7]在第 5 块中；数组 y 的 8 个元素分别在主存第 6 块和第 7 块中。所以，x[0]～x[3]和 y[0]～y[3]都映射到 Cache 第 0 行；x[4]～x[7]和 y[4]～y[7]都映射到 Cache 第 1 行，如下表所示。因为 x[i]和 y[i]（0≤i≤7）总是映射到同一个 Cache 行，相互淘汰对方，故每次都不命中，命中率为 0。

Cache——主存地址	40H～5FH	60H～7FH
第 0 行	x[0]～x[3]（第四块）	y[0]～y[3]（第六块）
第 1 行	x[4]～x[7]（第五块）	y[4]～y[7]（第七块）

3）若 Cache 改用 2–路组相联，块大小改为 8B，则 Cache 共有 4 行，每组 2 行，共 2 组。两个数组元素占一个主存块。数组 x 占 4 个主存块，数组元素 x[0]～x[1]、x[2]～x[3]、x[4]～x[5]、x[6]～x[7]分别在第 8～11 块中（与上题同理，这里 00H–07H 为第 0 块，08H–0FH 为第 1 块，以此类推）；数组 y 占 4 个主存块，数组元素 y[0]～y[1]、y[2]～y[3]、y[4]～y[5]、y[6]～y[7]分别在第 12～15 块中，映射关系如下表所示；因为每组有两行，所以 x[i]和 y[i]（0≤i≤7）虽然映射到同一个 Cache 组，但可以存放到同一组的不同 Cache 行内，因此不会发生冲突。每调入一个主存块，装入的 2 个数组元素中，第 2 个数组元素总是命中，故命中率为 50%。

Cache——主存地址	40H～4FH	50H～5FH	60H～6FH	70H～7FH
第一组	x[0]～x[1]	x[4]～x[5]	y[0]～y[1]	y[4]～y[5]
第二组	x[2]～x[3]	x[6]～x[7]	y[2]～y[3]	y[6]～y[7]

4）将数组 x 定义为 12 个元素，则 x 共有 48B，使得 y 从主存第 7 块开始存放，即 x[0]～x[3]在第 4 块，x[4]～x[7]在第 5 块，x[8]～x[11]在第 6 块中；y[0]～y[3]在第 7 块，y[4]～y[7]

在第 8 块。因而，x[i]和 y[i]（0≤i≤7）就不会映射到同一个 Cache 行中，映射关系如下表所示。每调入一个主存块，装入 4 个数组元素，第一个元素不命中，后面 3 个总命中，故命中率为 75%。

Cache——主存地址	40H～5FH	60H～7FH	80H～8FH
第 0 行	x[0]~x[3]（第四块）	x[8]~x[11]（第六块）	y[4]~y[7]（第八块）
第 1 行	x[4]~x[7]（第五块）	y[0]~y[3]（第七块）	—

44.【解析】

1) 高 16 位为段号，低 16 位为段内偏移，则 1 为段号（对应基地址为 11900H），0108H 为段内偏移量，则逻辑地址 00010108H 对应的物理地址为 11900H + 0108H = 11A08H。

2) SP 的当前值为 70FF0H 中，先减 4H 后得 70FECH，7 为段号，0FECH 为段内偏移量，则对应的物理地址为 13000H + 0FECH = 13FECH，故存储 x 的物理地址为 13FECH。

3) 在调用 call sin 指令后，PC 自增为 248，所以逻辑地址 248 被压入栈。由 2)可知，每次入栈时 SP 指针先减 4，因此当前 PC 值入栈后，SP 指针的值为 70FF0H − 4H − 4H = 70FE8H，故新的 SP 指针值为 70FE8H，新的 PC 值为转移指令的目的地址 360H。

注意：有同学会问为什么入栈的不是物理地址？
首先段式存储器（页式、段页式也一样）中 PC 的值一定是逻辑地址，然后取指令时系统才按照逻辑地址根据一定的规则转换为物理地址再去访问内存。所以入栈的是 PC 的内容，当然就是逻辑地址。

4) 70FE8(sp) + 4 = 70FECH，即 x 在栈中的逻辑地址（call sin 之前刚被 push 进去的），故其功能是把 x 的值送入寄存器 2，作为 sin 函数的参数。

45.【解析】

1) 哥哥存两次钱后，共享变量 amount 的值为 20。哥哥的第三次存钱与弟弟的取钱同时进行，若两者顺序执行，则最后 amount 的值为 20；若在一个进程的执行过程中，进行 CPU 调度，转去执行另一进程，则最后 amount 的值取决于 amount = m1 及 amount = m2 的执行先后次序，若前者先执行，则最后 amount 的值为 10，若后者先执行，则最后 amount 的值为 30。因此，最后账号 amount 上面可能出现的值有 10, 20, 30。

2) 在上述问题中，共享变量 amount 是一个临界资源，为了实现两并发进程对它的互斥访问，可为它设置一初值为 1 的互斥信号量 mutex，并将上述算法修改为

```
int amount=0;
semaphore mutex=1;        //互斥访问 amount 变量的信号量
cobegin{
   process SAVE(){
      int m1;
      P(mutex);
      m1=amount;
      m1=m1+10;
      amount=m1;
      V(mutex);
   }
   process TAKE(){
      int m2;
      P(mutex);
      m2=amount;
      m2=m2-10;
      amount=m2;
      V(mutex);
   }
} coend
```

46.【解析】

1）连续分配：文件大小理论上是不受限制的，可大到整个磁盘文件区。

链接分配：由于块地址占 4 字节，即 32 位，因此能表示的最多块数为 $2^{32} = 4G$，而每个盘块中存放文件大小为 4092 字节，故链接分配可管理的最大文件为 $4G \times 4092B = 16368GB$。

注意：有同学会觉得最后一块不用放置索引块，可以为 4096B，但是一般文件系统块的结构是固定的，为了多这 4B 的空间会多很多额外的消耗，所以并不会那么做。

2）连续分配：对大小两个文件都只需在文件控制块 FCB 中设二项，一是首块物理块块号，二是文件总块数，不需专用块来记录文件的物理地址。

链接分配：对大小两个文件都只需在文件控制块 FCB 中设二项，一是首块物理块块号，二是文件最后一个物理块号；同时在文件的每个物理块中设置存放下一个块号的指针。

3）连续分配：为读大文件前面和后面信息都需先计算信息在文件中相对块数，前面信息相对逻辑块号为 5.5K/4K = 1（从 0 开始编号），后面信息相对逻辑块号为(16M + 5.5K)/4K = 4097。再计算物理块号 = 文件首块号 + 相对逻辑块号，最后每块分别只需花一次磁盘 I/O 操作读出该块信息。

链接分配：为读大文件前面 5.5KB 的信息，只需先读一次文件头块得到信息所在块的块号，再读一次第 1 号逻辑块得到所需信息，一共需要 2 次读盘。而读大文件 16MB + 5.5KB 的信息，逻辑块号为(16M + 5.5K)/4092 = 4101，要先把该信息所在块前面块顺序读出，共花费 4101 次磁盘 I/O 操作，才能得到信息所在块的块号，最后再花一次 I/O 操作读出该块信息。所以总共需要 4102 次 I/O 操作才能读取(16M + 5.5K)处的信息。

47.【解析】

1）Ping 命令测试的远端主机的地址即为目的地址，根据 IP 数据报的格式，找第 16 个字节开始的 C0 A8 00 65，即 192.168.0.101，则找出标识号一致、协议号一致的 IP 分组，所以，1，4，5 号数据报是该次 Ping 测试产生的。

2）本机 IP 地址为第 12～15 个字节，即 C0 A8 00 15，转换成二进制为 192.168.0.21。根据 IP 分组头格式，从第 13 个字节开始，找到 TTL = 0x39，转换成十进制数即为 $3 \times 16 + 9 = 57$。

3）在 1，4，5 号数据报中，由 MF 位知，第 5 个数据报是分片的最后一片（MF = 1，表示后面还有分片；MF = 0，表示后面没有分片），由各个数据报中的总长度域（或由片偏移）知，1，4 号数据报的总长度均为 0x05DC = 1500 字节，头部长度 = 5×4 = 20 字节，故净荷长度 = 1480 字节；5 号数据报的净荷长度 = 0x059B − 20 = 1435 − 20 = 1415 字节，所以分片前的净荷 = 1480 + 1480 + 1415 = 4375，总长度 = 净荷 + 头部 20 字节 = 4375 + 20 = 4395 字节。

全国硕士研究生入学统一考试
计算机科学与技术学科联考
计算机专业基础综合考试模拟试卷（四）参考答案

一、单项选择题（第1~40题）

1. C	2. C	3. C	4. D	5. A	6. B	7. B	8. C
9. B	10. D	11. B	12. A	13. C	14. B	15. D	16. D
17. C	18. A	19. A	20. C	21. A	22. A	23. A	24. A
25. D	26. B	27. D	28. B	29. B	30. D	31. B	32. A
33. B	34. A	35. B	36. C	37. A	38. D	39. A	40. A

01. C。【解析】本题考查栈的操作。

初始时栈顶指针 top = n + 1，所以该栈应该是从高地址向低地址生长。且 n + 1 不在向量的地址范围，因此应该先将 top 减 1，再存储。即 C 正确。

注意：对于顺序存储的栈（对于队列也类似），若存储的定义不同，则出入栈的操作也不相同（并不是固定的），这要看栈顶指针指向的是栈顶元素，还是栈顶元素的下一位置。

02. C。【解析】本题考查双端队列的操作。

输入受限的双端队列是两端都可以删除，只有一端可以插入的队列；输出受限的双端队列是两端都可以插入，只有一端可以删除的队列。对于 A，可由输入受限的双端队列、也可由输出受限双端队列得到。对于 B、C、D，因为 4 第一个出队，所以之前输入序列必须全部进入队列。对于 B，在输入受限的双端队列中，输入序列是 1234，全部进入队列后的序列也为 1234，两端都可以出，所以可以得到 4132；在输出受限双端队列中，输入序列全部入队，1 肯定和 2 挨着，所以得不到 4132。对于 C，在输入受限的双端队列中，输入序列是 1234，全部进入队列后的序列也为 1234，在 4 出队后不可以把 2 直接出队。在输出受限双端队列中，也是 1 和 2 在序列进入队列中后必须挨着，所以也得不到。对于 D，在输入受限的双端队列中，输入序列是 1234，全部进入队列后的序列也为 1234，输出 4 后，应该是 1 和 3，所以得不到；在输出受限双端队列中，输入序列 1234，一端进 1，另一端进 2，再一端进 3，另一端进 4，可得到 4213 的输出序列。因此选 C。

03. C。【解析】本题考查中缀转后缀。

采用模拟的方式，对于符号栈，首先 – 入栈，(入栈，× 入栈，到 + 时因为 × 的优先级高于 +，所以 × 出栈而 + 入栈，然后 + 的优先级低于 /，所以 / 入栈，此时栈中有 –、(、+ 和 / 共 4 个元素，再访问)，把 (后的全部出栈，所以栈中最多 4 个元素。

04. D。【解析】本题考查对称矩阵。

A[38] 对应第 39 个元素，第一行有 9 个元素，9 + 8 + 7 + 6 + 5 + 4 = 39，所以第 39 个元素是第 6 行第 9 列，故选 D。

05. A。【解析】本题考查中序遍历。

根据中序遍历的定义可知，在输出根结点后，才去中序递归地遍历根结点的右子树，因此根结点右边只有右子树上的所有结点。

06．B．【解析】本题考查并查集和图的算法。

Kruskal 算法流程先将所有的边从小到大排序，然后使用并查集，每次选最小的边，并且该边要保证其两端的两个顶点属于不同的集合，选择完边之后进行一次并操作，重复选边及并操作 $n-1$ 次得到最小生成树。

07．B．【解析】本题考查森林与二叉树的转换。

将这四棵树转换为二叉树后，第一棵树的根结点变成二叉树的根结点，第二棵树的根结点变成了根结点的右孩子，第二棵树中剩下的结点变成其根结点的左子树。

08．C．【解析】本题考查红黑树。

红黑树性质：①每个结点只能是红色的或黑色的；②根结点是黑色的；③叶结点是黑色的，且是不存在的外部结点；④红色结点的父亲和儿子只能是黑色的；⑤对每个结点，在从该结点到任一叶结点的简单路径上，所含的黑结点数相同。选项 A 符合①，正确。选项 B 符合③，正确。选项 C 错误，黑色结点的孩子可以是红色的，也可以是黑色的。选项 D，红黑树和 4 阶 B 树（也称 2-3-4 树）有对应关系，可以互相转化，正确。

09．B．【解析】本题考查二叉排序树的查找。

二叉排序树查找原则是查找范围要越来越小，如选项 B 查找 52，首先查找到 95 比 52 大，此时查找范围是 $(-\infty, 90)$，查找到 59 比 52 大，范围变为 $(-\infty, 59)$，查找到 84 不在 $(-\infty, 59)$ 上，所以矛盾不会出现。

10．D．【解析】本题考查拓扑排序。

拓扑排序的方法：①从 AOV 网中选择一个没有前驱的顶点（入度为 0），并输出它；②从 AOV 网中删去该顶点，以及从该顶点发出的全部有向边；③重复上述两步，直到剩余的网中不再存在没有前驱的顶点为止。选项 D 中，删去 a、b 及其对应的出边后，c 的入度不为 0，因此有边 $<d, c>$，故不是拓扑序列。选项 A、B、C 均为拓扑序列。解答本类题时，建议读者根据边集合画出草图。

11．B．【解析】本题考查快排过程。

以 28 为基准元素，首先从后向前扫描比 28 小的元素，此元素位置为 L0，把此元素放到前面基准元素位置，然后再从前向后扫描比 28 大的元素，此元素位置为 L1，并将其放到 L0 位置，从而得到(5, 16, L1, 12, 60, 2, 32, 72)。继续重复从后向前扫描，记录找到的比 28 小的元素位置 L2，把此元素放到 L1，再从前往后扫描的操作找到比 28 大的元素，此元素位置为 L3，并将其放到 L2 位置，直到扫描到相同元素，一趟排序完毕。最后得到(5, 16, 2, 12) 28 (60, 32, 72)。

12．A．【解析】本题考查计算机的性能指标。

微处理器的位数是指该 CPU 一次能够处理的数据长度，称为机器字长，机器字长通常等于通用寄存器的长度。64 位操作系统（通常向下兼容）需要 64 位 CPU 的支持，64 位操作系统不仅是寻址范围增加到 2^{64}，同时要求机器字长 64 位。而地址总线的宽度虽然一般情况下也会和处理器的位数挂钩，但这也是不一定的，一些机器为了一些原因也可以把地址总线设为小于 32 位，然后分几个周期传送一次地址。

注意：关于操作系统的位数和 CPU 的位数的问题，32 位操作系统指的是该操作系统最多可以访问 2^{32} 个地址，即最多 4G 的地址（因为一些原因，比如 I/O 的统一编址等，所以实际上不到 4G，一般约为 3.7G），是一个软件的概念；32 位处理器指的是一次可以处理 32 位数据，是 CPU 设计时就决定好的，是硬件的概念，而低位数的 CPU 不能运行高位数的操作系统，而高位数的 CPU 可以运行低位数的操作系统（比如现在的 CPU 都是 64 位的，但是大多数人用的仍是 32 位的操作系统）。

35

13. C。【解析】本题考查有符号数的算术移位运算。

有符号数的乘 2 运算相当于对该数的二进制位进行左移 1 位的运算，符号位不变；除 2 运算相当于对该数的二进制位进行右移 1 位的运算，符号位不变。本题中，$[X]_补$ = 8CH = (1000 1100)$_2$，所以$[X/4]_补$需要对(1000 1100)$_2$算术右移 2 位（符号位保持不变），因为数字是补码表示且是负数，所以需要在移入位补 1，其结果是(1110 0011)$_2$ = E3H。

注：对于移位操作规则不熟悉的同学，可以先把补码转换为十进制数，再进行手动除以 4，最后转换成补码。

14. B。【解析】本题考查浮点数的运算。

最简单的舍入处理方法是直接截断，不进行任何其他处理（截断法），I 错误。IEEE 754 标准的浮点数的尾数都是大于等于 1 的，所以乘法运算的结果也是大于等于 1，故不需要"左规"（注意，有可能需要右规），II 正确；对阶的原则是小阶向大阶看齐，III 正确。当补码表示的尾数的最高位与尾数的符号位（数符）相异时表示规格化，IV 错误。浮点运算过程中，尾数出现溢出并不表示真正的溢出，只有将此数右归后，再根据阶码判断是否溢出，V 错误。

注意：浮点数运算的过程分为对阶、尾数求和、规格化、舍入和溢出判断，每个过程的细节均需掌握，本题的 5 个选项涉及这 5 个过程。

15. D。【解析】本题考查 SRAM 和 DRAM 的区别。

SRAM 和 DRAM 的差别在于 DRAM 时常需要刷新，但是 SRAM 和 DRAM 都属于易失性存储器，掉电就会丢失，I 错误。SRAM 的集成度虽然更低，但速度更快，因此通常用于高速缓存 Cache，而 DRAM 则是读写速度偏慢，集成度更高，因此通常用于计算机内存，II 错误。主存可以用 SRAM 实现，只是成本高且容量相对小，III 错误。和 SRAM 相比，DRAM 成本低、功耗低、但需要刷新，IV 错误。

注意：SRAM 和 DRAM 的特点见下表。

SRAM	非破坏性读出，不需要刷新。断电信息即丢失，属易失性存储器。存取速度快，但集成度低，功耗较大，常用于 Cache
DRAM	破坏性读出，需要定期刷新。断电信息即丢失，属易失性存储器。集成性高、位价低、容量大和功耗低。存取速度比 SRAM 慢，常用于大容量的主存系统

16. D。【解析】本题考查猝发传输的效率。

一次 cache 缺失需要从内存中读取 4 个字，因为总线采取猝发传输，只需初始时读取一次地址，然后传输四个字，总时间 $T = 1 + 4×(16 + 1) = 69$ 个时钟周期，选 D。

17. C。【解析】本题考查 Cache 和 TLB。

TLB 的作用是增加虚拟地址到物理地址的转换效率，TLB 缺失后仍然可以通过查询页表获得虚拟地址对应的物理地址，Cache 缺失后也可以在内存中找到数据，所以不会导致程序执行出错，选 C。

18. A。【解析】本题考查基址寻址和变址寻址的区别。

两者的有效地址都加上了对应寄存器的内容，都扩大了指令的寻址范围，故 I 正确。变址寻址适合处理数组、编制循环程序，故 II 正确。基址寻址有利于多道程序设计，故 III 正确。基址寄存器的内容由操作系统或管理程序确定，在执行过程中其内容不变，而变址寄存器的内容由用户确定，在执行过程中其内容可变，故 IV 和 V 错误。

注意：基址寻址和变址寻址的真实地址 EA 都是形式地址 A 加上一个寄存器中的内容。

19. A。【解析】本题考查微指令的编码方式。

编码的是对微指令的控制字段进行编码，以形成控制信号；目的是在保证速度的情况下，尽量缩短微指令字长。微命令个数为 8 时，需要 4 位，假设只用 3 位，将会造成每个编码都会输出一个微命令，事实上，微命令的编码需要预留一个字段表示不输出，I 错误。垂直型微指令的缺点是微程序长、执行速度慢、工作效率低，III 错误。字段间接编码中的一个字段的某些微命令还需由另一个字段中的某些微命令来解释，即受到某一个字段的译码输出，IV 错误。一般进行微程序控制器的设计时要注意三个原则：①微指令字长尽可能短；②微程序长度尽可能短；③提高微程序的执行速度。

20．C。【解析】本题考查总线的性能指标。

总线带宽定义为总线的数据传输率，即单位时间内总线上传输数据的位数。I 和 III 直接决定总线带宽的计算结果，IV 间接影响总线的性能。

21．A。【解析】本题考查中断的性能分析。

传输率为 50KBps，以 16bit 为传输单位，所以传输一个字的时间为 1000ms/25000 = 0.04ms = 40μs。又由于每次传输的开销（包括中断）为 100 个节拍，处理器的主频为 50MHz，即传输的开销时间为 $100 \times (1/50) = 2$μs，因此磁盘使用时占用处理器时间的比例为 2/40 = 5%。

22．A。【解析】本题考查 DMA 方式中的中断与中断传输方式的区别。

前者是向 CPU 报告数据传输结束，后者是传送数据，另外 DMA 方式中的中断不包括检查是否出错，而是报告错误。

注意：DMA 方式与程序中断方式的比较如下。

 ① DMA 传送数据的方式是靠硬件传送，而程序传送方式是由程序来传送。

 ② 程序中断方式需要中断 CPU 的现行程序，需要保护现场，而 DMA 方式不需要中断现行程序。

 ③ 程序中断方式需要在一条指令执行结束才能得到响应，而 DMA 方式则可以在指令周期内的任意存储周期结束时响应。

 ④ DMA 方式的优先级高于程序中断方式的优先级。

23．A。【解析】本题考查进程的状态。

等待状态也就是阻塞状态，当正在运行的进程需要等待某一事件时，会由运行状态变为阻塞状态。P 操作的作用相当于申请资源，当 P 操作没有得到相应的资源时，进程就会进入阻塞状态。选项 B、C 都是从运行状态转变为就绪状态。选项 D 执行 V 操作可能改变其他进程的状态，但与本进程状态转变没有直接关系。

24．A。【解析】本题考查调度算法的性质。

基于时间片的调度算法在执行过程中，进程的执行是以时间片为单位的。多级反馈队列调度算法在各个队列内以 FCFS 原则依次执行时间片，在最底层队列中按照时间片轮转算法执行。另外，没有单独的抢占式调度算法这种说法，一般都是说某种调度算法是抢占型的或是非抢占型的。

注意：关于抢占式调度指的一般都是进程的调度算法，因为所谓的抢占即是抢占 CPU，而作业调度和中级调度并没有抢占的对象，所以一般也谈不上抢占式算法。

25．D。本题考查记录型信号量的性质。

当执行 V 操作后，S.value≤0，说明了在执行 V 操作之前 S.value < 0（此时 S.value 的绝对值就是阻塞队列中的进程的个数），所以阻塞队列必有进程在等待，因此需要唤醒一个阻塞队列进程，I 正确。由 I 的分析可知，S.value≤0 就会唤醒。因为可能在执行 V 操作前，只有一个进程在阻塞队列，也就是说 S.value = −1，执行 V 操作后，唤醒该阻塞进程，S.value = 0，所以 II 错误。S.value 的值和就绪队列中的进程没有此层关系，III 错误。而当 S.value > 0 时，说明没有进程在等待该资源，系统自然不做额外的操作，IV 正确。

26. **B**。【解析】本题考查死锁处理策略。
银行家算法属于死锁避免。资源有序分配破坏了死锁循环等待条件，属于死锁预防。资源分配图和撤销进程发都属于死锁检测和解除。故选 B。

27. **D**。【解析】本题考查银行家算法。
当前已分配资源总数 = (3, 2, 3) + (4, 0, 3) + (4, 0, 5) + (2, 0, 4) + (3, 1, 4) = (16, 3, 19)，剩余可用资源数 Available = (18, 6, 22) − (16, 3, 19) = (2, 3, 3)。各进程对资源的需求量 Need 如下：
P0 = (5, 5, 10) − (3, 2, 3) = (2, 3, 7)
P1 = (5, 3, 6) − (4, 0, 3) = (1, 3, 3)
P2 = (4, 0, 11) − 4, 0, 5) = (0, 0, 6)
P3 = (4, 2, 5) − (2, 0, 4) = (2, 2, 1)
P4 = (4, 2, 4) − (3, 1, 4) = (1, 1, 0)
因此初始时只有进程 P1 与 P3 可满足需求，排除 A、C。尝试给 P1 分配资源，则 P1 完成后 Available = (2, 3, 3) + (4, 0, 3) = (6, 3, 6)，无法满足 P0 的需求(2, 3, 7)，排除 B。若刚开始给 P3 分配资源，则 P3 完成后 Available = (2, 3, 3) + (2, 0, 4) = (4, 3, 7)，该向量能满足其他所有进程的需求。所以，以 P3 开头的所有序列都是安全序列。

28. **B**。【解析】本题考查各存储分配方法的特点。
固定分区存在内部碎片，当程序小于固定分区大小时，也占用了一个完整的内存分区空间，导致分区内部有空间浪费，这种现象称内部碎片。凡涉及页的存储分配管理，每个页的长度都一样（对应固定），所以会产生内部碎片，虽然页的碎片比较小，每个进程平均产生半个块大小的内部碎片。段式管理中每个段的长度都不一样（对应不固定），所以只会产生外部碎片。段页式管理先被分为若干逻辑段，然后再将每个段分为若干固定的页，所以其仍然是固定分配的，会产生内部碎片。

29. **B**。【解析】本题考查抖动现象的分析。
从测试数据看，CPU 不忙，交换空间也不满，就是硬盘 I/O 非常忙，所以不是交换空间不够，系统也没有死锁，主要瓶颈在内外存交换上，因此最可能的情况就是抖动，即由于内存紧缺，并发进程数多，因此采用按需调页而引起的频繁换入换出作业。对于抖动问题的解决，加大交换空间容量并不能有效地解决问题，因为该问题的本质是内存的不足，且在这里交换空间的利用率也仅为 55%，I 错误；上面说了，问题的本质是内存不足，所以增加内存容量可以解决这个问题，II 正确；CPU 利用率本身就很低，不是 CPU 资源不足的问题，III 错误；安装一个更快的硬盘虽然可以一定程度上提高对换的速率，可是仍不能从根本上解决问题，IV 错误；减少多道程序的道数可以使得每道程序平均占有的内存空间变大，能够使用的页面变多，就可以有效抑制抖动现象，V 正确。答案选 B。

注意：内存出现的异常，如抖动和 Belady 现象，都要从产生原因的角度认真分析。在做这道题的同时，也可以总结一下死锁、饥饿这些进程管理中会出现的异常，互相对比，举一反三。首先判断系统异常属于哪种异常。

30. **D**。【解析】本题考查页面置换算法。
LRU：

访问串	5	4	3	2	4	3	1	4	3	2	1	5
内存	5	5	5	2	2	2	1	1	1	2	2	2
		4	4	4	4	4	4	4	4	4	1	1
			3	3	3	3	3	3	3	3	3	5
缺页	○	○	○	○			○			○	○	○

共缺页 8 次。

FIFO：

访问串	5	4	3	2	4	3	1	4	3	2	1	5
	5	5	5	2	2	2	2	2	3	3	3	5
内存		4	4	4	4	4	1	1	1	2	2	2
			3	3	3	3	3	4	4	4	1	1
缺页	○	○	○	○			○	○	○	○	○	○

共缺页 10 次。

分别缺页 8、10 次，选 D。

31．D。【解析】本题考查文件的物理结构。

物理文件的组织是文件管理的内容，而文件管理是操作系统的主要功能之一；此外存储介质的特性也决定了文件的物理结构，如磁带机只能采用顺序存放方式。

32．A。【解析】本题考查 I/O 软件的层次结构。

在 I/O 子系统的层次结构中，设备驱动程序与硬件（设备控制器）直接相关，负责具体实现系统对设备发出的操作命令或者通过设备状态寄存器来读取设备的状态。用户级 I/O 软件是实现设备与用户交互的接口，它主要是一些库函数。设备独立性软件是用于实现用户程序与设备驱动器的统一接口、设备命令、设备保护、以及设备分配与释放等。中断处理层主要负责对中断的处理。

33．B。【解析】本题考查 OSI 参考模型各层的特点和功能。

解题时，应注意题干中隐含的协议数据单元 PDU，以及各层次特定的功能。题干中的"二进制信息块"实际上就是指数据链路层封装的帧，数据链路层的可靠传输协议能够提供可靠传输服务。虽然传输层也能提供可靠传输服务，但它的可靠传输服务是可选的，而且它的 PDU 是报文。

34．A。【解析】电路交换、分组交换、报文交换的特点都是重要的考查点。

主要有两种考查方式：①直接考查某一种（或多种）交换方式的特点，辨别选项的正误；②给定应用背景，问适用哪一种交换方式，间接考查它们的特点，比较灵活。其中，电路交换是面向连接的，一旦连接建立，数据便可直接通过连接好的物理通路到达接收端，因此传输时延小；由于电路交换是面向连接的，因此可知传送的分组必定是按序到达的；但在电路交换中，带宽始终被通信的双方独占，利用率就低了。

35．D。【解析】本题考查有关滑动窗口的相关知识。

对窗口大小为 n 的滑动窗口（发送窗口 + 接收窗口），发送窗口表示在还没有接收到对方确认信息的情况下，发送方最多还能发送多少个数据帧；而接收窗口应该 ≥1，所以发送窗口就应该 ≤$n-1$，则最多只能有 $n-1$ 帧已发送但未收到确认。所以 I 错误。连续 ARQ 协议包括两种，后退 N 帧（GBN），以及选择性重传（SR），当采用后退 N 帧协议时，发送窗口大小必须满足 WT≤2^n-1，而选择重传则是应该满足 WT≤2^{n-1}，而发送窗口最大值应该为 Max$\{2^3-1, 2^{3-1}\}$ = MAX$\{7,4\}$ = 7，所以 II 错误。同时，由 2^n-1≥16，可以得出 n≥5，所以 III 错误。

36．C。【解析】本题考查 CSMA/CD 协议。

以太网采用 CSMA/CD 技术，当网络上的流量越多，负载越大时，发生冲突的概率也会越大。当工作站发送的数据帧因冲突而传输失败时，会采用二进制指数后退算法后退一段时间再重发数据帧。二进制指数后退算法可以动态地适应发送站点的数量，后退延时的取值范围与重发次数 n 形成二进制指数关系。当网络负载小时，后退延时的取值范围也小；而当负载大时，后退延时的取值范围也随着增大。二进制指数后退算法的优点正是把后退延时的平均取值与负载的大小联系起来。所以，二进制指数后退算法考虑了网络负载对冲突的影响。

37. A。【解析】本题考查交换机的特性。

交换机是二层设备，看不到 IP 地址，D 错误。交换机收到一个帧时，只有源主机的方向是确定的，目的主机往哪个方向转发不一定知道（除非表项中有目的 MAC，此时也不用将目的 MAC 添加到表项中），所以就把源 MAC 地址加入表项（如果本来不在的话），这就是交换机的自学习，故选 A。

38. D。【解析】本题考查 IP 分组的首部字段含义。

如果题目没有说明不考虑 NAT，那么认为源目的 IP 地址和目的 IP 地址都是可以改变的，否则都是不能改变的。当 IP 分组的长度超过该网络的 MTU 时需要分片，总长度将改变，A 错误；IP 分组每经过一跳，都会改变其首部检验和，B 错误；每经过一个路由器，生存时间减 1，C 错误；在不考虑 NAT 时，源 IP 地址和目的 IP 地址都不会变化，D 正确。

39. A。【解析】本题考查 VLAN。

虚拟局域网（VLAN）是将一种物理的 LAN 在逻辑上划分成多个广播域的通信技术。一个 VLAN 既是一个广播域又是一个冲突域。不同 VLAN 由路由器（三层交换机）划分，不同 VLAN 属于不同网段，可以通过三层交换机通信。二层交换机只能分割冲突域而不能分割广播域，一个 VLAN 可以包含多个二层交换机分割的区域，因此不一定链接同一个交换机。

注意：408 考试中所说的交换机都是指二层交换机。

40. A。【解析】本题考查 TCP 连接建立的三次握手。

TCP 连接的建立采用三次握手，第一次握手发送方发给接收方的报文中应设定 SYN = 1，序号 = X，表明传输数据的第一个数据字节的序号是 X。

注意：ACK 不同于 ack，ack 是由接收方反馈的确认号。

二、综合应用题

41.【解析】

1）对应的邻接矩阵如下：

$$A = \begin{bmatrix} 0 & 4 & 6 & \infty & \infty & \infty \\ \infty & 0 & 5 & \infty & \infty & \infty \\ \infty & \infty & 0 & 4 & 3 & \infty \\ \infty & \infty & \infty & 0 & \infty & 3 \\ \infty & \infty & \infty & \infty & 0 & 3 \\ \infty & \infty & \infty & \infty & \infty & 0 \end{bmatrix}$$

2）该邻接矩阵对应的有向图如下：

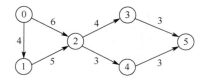

3）各结点的最早发生时间和最迟发生时间如下表所示：

顶点	0	1	2	3	4	5
ve	0	4	9	13	12	16
vl	0	4	9	13	13	16

弧的最早开始时间和最迟开始时间如下表所示：

	<0, 1>	<0, 2>	<1, 2>	<2, 3>	<2, 4>	<3, 5>	<4, 5>
e	0	0	4	9	9	13	12
l	0	3	4	9	10	13	13
l−e	0	3	0	0	1	0	1

根据 $l-e=0$ 的关键活动，得到关键路径为 0→1→2→3→5，长度为 16。

42. 【解析】

1）算法的基本设计思想：

① 在数组尾部从后往前，找到第一个奇数号元素，将此元素与其前面的偶数号元素交换。这样，就形成了两个前后相连且相对顺序不变的奇数号元素"块"。

② 暂存①中"块"前面的偶数号元素，将"块"内奇数号结点依次前移，然后将暂存的偶数号结点复制到空出来的数组单元中，就形成了三个连续的奇数号元素"块"。

③ 暂存②中"块"前面的偶数号元素，将"块"内奇数号结点依次前移，然后将暂存的偶数号结点复制到空出来的数组单元中，就形成了四个连续的奇数号元素"块"。

④ 如此继续，直到前一步的"块"前没有元素为止。

2）算法的设计如下：

```
void Bubble_Swap(ElemType A[],int n){
    int i=n,v=1;                    //i 为工作指针，初始假设 n 为奇数，v 为"块"的大小
    ElemType temp;                  //辅助变量
    if(n%2==0)  i=n-1;              //若 n 为偶数，则令 i 为 n-1
    while(i>1){                     //假设数组从 1 开始存放。当 i=1 时，气泡浮出水面
        temp=A[i-1];                //将"块"前的偶数号元素暂存
        for(int j=0;j<v;j++)        //将大小为 v 的"块"整体向前平移
            A[i-1+j]=A[i+j];        //从前往后依次向前平移
        A[i+v-1]=temp;              //暂存的奇数号元素复制到平移后空出的位置
        i=i-2;v++;                  //指针向前，块大小增 1
    }//while
}
```

3）共进行了 $n/2$ 次交换，每次交换的元素个数从 $1\sim n/2$，时间复杂度为 $O(n^2)$。虽然时间复杂度为 $O(n^2)$，但因 n^2 前的系数很小，实际效率是很高的。算法的空间复杂度为 $O(1)$。

43. 【解析】

1）因为寄存器 R 是 5 位二进制，所以有 $2^5=32$ 个通用寄存器。因为一条指令 32 位，占 4 个地址，所以编址单位是 32bit/4 = 8bit = 1 字节。

2）方法 1，可以根据 C 语言代码判断（比较简单）：第 1 条指令是给 for 循环中的 i 赋初值，而之后的指令都是循环执行的，所以 loop 指向第 2 条指令（这条指令的含义是根据 i 的值求出相对于 B 首址的偏移），地址为 00003004H。

方法 2，根据机器代码判断（较难）：查看 bne 指令格式，得到补码 OFFSET = FFF9H，对应的有符号数真值为 −7，因为是字偏移量且字长等于指令长度，所以相当于往前跳转 7 条指令（PC 在取指完自增后应该从第 9 条指令开始向前跳转 7 条），即 8 + 1 − 7 = 2，loop 指向第二条指令，地址为 00003004H。

3）循环执行 2～8 号共 7 条指令，循环 5 次，其中 5 条运算类指令，1 条访存类指令，一条分支跳转类指令。第一条指令是运算类指令，只执行一次，整个过程 7×5 + 1 = 36 条指令。

$$CPI = (5×(5×4 + 5 + 3) + 4)/36 = 4。$$
$$IPS = 主频/CPI = 25M，MIPS = 25。$$
$$T = 36/IPS = 1.44×10^{-6}\,s = 1.44\mu s。$$

4）指令 1 和 2、2 和 3、3 和 4、4 和 5、6 和 7、7 和 8 都会因为需要使用的寄存器还未被上一条指令写入造成的数据相关产生阻塞。跳转指令会跳回到指令 2 执行，所以指令 8 和 1 会产生控制相关。

44.【解析】中断响应次序和中断处理次序是两个不同的概念。中断响应次序也称为硬件排队次序，它是不可改变的。在不改变硬件排队电路的前提下，可以通过改变中断屏蔽字来改变中断处理的优先级，使原来级别较低的中断源变成较高的级别。

1）由题意，可知中断处理的次序为 C＞A＞D＞B。屏蔽码中的"1"表示屏蔽该中断源的中断请求，"0"表示没有屏蔽，各中断服务程序的屏蔽码如下表所示。

中断源	中断屏蔽码 A	B	C	D
A	1	1	0	1
B	0	1	0	0
C	1	1	1	1
D	0	1	0	1

2）各级中断发出的中断请求信号的时刻，画出 CPU 执行中断服务程序的序列，如下图所示。第 0μs 时，D 请求到来，由于没有其他的中断请求，因此开始执行中断服务程序 D。第 6μs 时，A 请求到来，A 的优先级高于 D，转去执行中断服务程序 A。第 8μs 时，B 请求到来，由于 B 的优先级低于 A，因此不响应 B 请求，继续执行中断服务程序 A。第 10μs 时，C 请求到来，C 的优先级最高，虽然此时中断服务程序 A 还没结束，也必须暂停转去执行中断服务程序 C。中断服务程序 C 所需时间为 3μs，当第 13μs 时，中断服务程序 C 执行完毕，返回执行中断服务程序 A。第 14μs 时，中断服务程序 A 执行完毕（共执行 5μs），返回执行中断服务程序 D。第 20us 时，中断服务程序 D 执行完毕（共执行 12us），返回现行程序。因为 B 请求还存在，所以此时开始执行中断服务程序 B，直至 35μs 结束（共执行 15μs）。

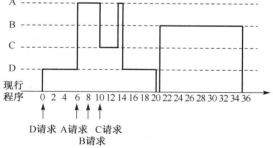

注意：有同学会问，执行完 D 为什么要返回现行程序再响应 B 的中断？这是因为，在有 A、C、D 的条件下，B 的中断都是被屏蔽而暂时不响应的，而当上述 3 种中断执行完毕后，回到主程序，B 的中断才不被屏蔽，所以这时候才会直接响应 B 的中断，不回到主程序而直接响应 B 的中断是错误的。

3）在 35μs 时间内，完成了 4 级中断的处理，所以平均执行时间为 35/4 = 8.75μs。

45.【解析】

1）读一个扇区的平均等待时间为旋转半周的时间，即为(60/5400)/2 = 5.55ms，传输时间为 (60/5400)/63 = 0.18ms，因此读一个扇区的平均时间为 5.55 + 0.18 + 10 = 15.73ms。

2）换出页时间为 15.73ms，换入页时间 1 + 5.55 + 0.18 = 6.73，传输这两个页的平均时间为 6.73 + 15.73 = 22.46ms。

3）可能会产生两个后果，第一个后果是"饥饿"，由于请求磁盘 I/O 操作的应用程序得不到满足而长时间在阻塞队列等待，因此导致"饥饿"；第二个后果是"抖动"，由于每次磁盘 I/O 操作完成后，都要进行磁盘的换入换出，因此导致"抖动"。

46.【解析】本题是生产者消费者问题，并且货架间需要互斥访问。

```
semaphore mutex1=mutex2=1;        //mutex1、mutex2 是货架 T1、T2 的互斥访问
semaphore full1=0, full2=2;       //full1、full2 是货架 T1、T2 中的剑与剑鞘
semaphore empty1=10, empty2=10;   //empty1、empty2 是货架 T1、T2 中剩余空间
P1(){
    while(true){
        生产剑
        P(empty1);
        P(mutex1);
        将剑放入货架 T1
        V(mutex1);
        V(full1);
    }
}
P2(){
    while(true){
        生产剑鞘
        P(empty2);
        P(mutex2);
        将剑放入货架 T2
        V(mutex2);
        V(full2);
    }
}
P3(){
    while(true){
        P(full2);
        P(mutex2);
        取出剑鞘
        V(mutex2);
        V(empty2);
        P(full1);
        P(mutex1);
        取出剑
        V(mutex1);
        V(empty1);
        组装产品
    }
}
```

47.【解析】子网掩码为 255.255.255.224，仅和第四字节有关，转换为二进制 255.255.255.11100000。把主机的地址转换为二进制，并和子网掩码做"与"运算，就可求出其网络地址。如下表所示。

主机	IP 地址	子网号	主机号	子网地址
A	192.155.28.011|1 0000	011	10000	192.155.28.96
B	192.155.28.011|1 1000	011	11000	192.155.28.96
C	192.155.28.100|0 0111	100	00111	192.155.28.128
D	192.155.28.110|0 1010	110	01010	192.155.28.192

1) 只有处于同一个网络的主机之间才能直接通信，因此，如上表所示，只有主机 A 和主机 B 在同一个子网（192.155.28.96）内，因此只有主机 A 和主机 B 之间才可以直接通信。主机 C 和主机 D，以及它们同 A 和 B 的通信必须经过路由器。

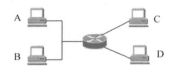

A	主机地址	192.155.28.112	子网地址	192.155.28.96
B	主机地址	192.155.28.120	子网地址	192.155.28.96
C	主机地址	192.155.28.135	子网地址	192.155.28.128
D	主机地址	192.155.28.202	子网地址	192.155.28.192

2) 若要加入第 5 台主机 E，使它能与 D 直接通信，则主机 E 必须位于和 D 相同的网络中，即 192.155.28.192，子网地址为 192.155.28.110\|0 1010，即地址范围是去掉主机号为全 0 和全 1 的，以及 D 的主机号，就是 192.155.28.110\|0 0001 到 192.155.28.110\|1 1110（且不包括 192.155.28.202）这样地址范围是 192.155.28.193 到 192.155.28.222，注意要除掉 192.155.28.202。

3) 主机 A 地址改为 192.155.28.168，那么它所处的网络为 192.155.28.160。由定义，直接广播地址的主机号各位全为"1"，用于任何网络向该网络上所有的主机发送报文，每个子网的广播地址则是直接广播地址。本地广播地址，又称为有限广播地址，它的 32 位全为"1"，用于该网络不知道网络号时内部广播。因此，主机 A 的直接广播地址为 192.155.28.191，本地广播地址是 255.255.255.255，若使用本地广播地址发送信息，则所有本地主机都能够收到，即主机 B，需要注意的是，路由器不会转发本地广播的包。

注意：关于本地广播和直接广播有很多同学弄不明白，这里进行详细说明。
TCP/IP 规定，主机号全为"1"的网络地址用于广播之用，称为广播地址。所谓广播，指同时向网上所有主机发送报文。广播地址包含一个有效的网络号和主机号，技术上称为直接广播地址。在网间网络的任何一点均可向其他任何网络进行直接广播，但直接广播有一个缺点，就是需要知道信宿网络的网络号；另一个是采用直接广播地址的广播分组可能会被路由器转发，即外部网络的用户将会截取到这种广播分组，从而降低了网络的安全性。如果只需在本网络内部广播，但又不知道本网络号，那么 TCP/IP 规定，32 比特全为"1"的网间网络地址用于本网广播，该地址称为有限广播地址，即本地广播地址。

4) 若希望 4 台主机直接通信，则可以修改子网掩码为 255.255.255.0，这样 4 台主机就处于一个网络中，可以直接通信。

全国硕士研究生入学统一考试
计算机科学与技术学科联考
计算机专业基础综合考试模拟试卷（五）参考答案

一、单项选择题（第 1～40 题）

1. A	2. B	3. A	4. A	5. D	6. B	7. A	8. D
9. D	10. B	11. C	12. B	13. C	14. B	15. C	16. D
17. D	18. B	19. D	20. D	21. C	22. D	23. B	24. B
25. A	26. B	27. D	28. C	29. D	30. C	31. C	32. A
33. C	34. B	35. B	36. C	37. B	38. B	39. C	40. A

01．A。【解析】本题考查时间复杂度。
在程序中，执行频率最高的语句为 "i=i*3"。设该基本语句一共执行了 k 次，根据循环结束条件，有 $n > 2 \times 3^k \geq n/3$，由此可得算法的时间复杂度为 $O(\log_3 n) = O(\lg n) = O(\log_2 n)$。
注：题中 $k = \log_3 n$，又因 $\log_3 n = \lg n / \lg 3$，即 k 的数量级为 $\lg n$，由此可知，在时间复杂度为对数级别的时候，底数数字的改变对于整个时间复杂度没有影响，也可一律忽略底数写为 $O(\log_2 n)$。

02．B。【解析】本题考查链表的操作。
要保证插入的先后顺序与对应结点在链中的顺序相反，必须使用头插法（尾插法插入顺序与链中的顺序相同），所以排除 C、D。而 A 中 L->next = p 后会导致断链。

03．A。【解析】本题考查出入栈操作的性质。
当 $p_1 = 3$ 时，表示 3 最先出栈，前面 1、2 应在栈中，此时若出栈操作，则 p_2 应为 2；此时若进栈操作（进栈 1 次或多次），则 p_2 为 $4, 5, \cdots, n$ 都有可能。

04．A。【解析】本题考查多维数组的存储。
把三维数组想象为立方体，A[10][20][30] 分配的空间表示层高为 10、行数为 20、列数 30，那么 A[2][5][7] 中的 2、5、7 分别对应该元素的层号、行号和列号，每个元素占 1 字节，故该元素的存储地址为 $100 + 2 \times (20 \times 30) + 5 \times 30 + 7$。

05．D。【解析】本题考查二叉树的度。
从只有根结点的二叉树考虑，此时度为 0 的结点为 1，度为 1 和 2 的结点没有，共 1 个结点，排除 A、B、C。而每增加一个度为 1 的结点，总结点数+1，每增加一个度为 2 的结点，总结点数+2。

06．B。【解析】本题考查二叉排序树的构造和查找。
按题中数据的输入次序，动手画出建立的二叉排序树。查找元素 30 需要依次比较的元素为 50，43，20，35，30，比较次数为 5 次。

07．A。【解析】本题考查哈夫曼树的性质。
哈夫曼树不一定是完全二叉树，也不一定是排序二叉树，只是所有结点度为 0 和 2 的二叉树，I、II 错误；哈夫曼树最小只有一个根结点，此时叶结点数为 1，非叶结点数为 0，符合，且每增加一个非叶结点叶结点数也加 1，所以叶结点数等于非叶结点数加 1；如果哈夫曼树上层结

点的值小于下层结点的值，那么这两个结点交换得到的树的最小路径和一定比原树的小，所以不符合哈夫曼树定义，矛盾，IV 错误。故 III、IV 错误。

08．D。【解析】本题考查深度优先遍历和邻接表。

A、B 和 C 都是按照深度优先的原则访问，而对于 D，访问到 1 时，按照深度优先此时只能访问 2 号（0 号已访问过）。

09．D。【解析】本题考查散列表的构造过程。

任何散列函数都不可能绝对的避免冲突，因此采用合理的冲突处理方法，为冲突的关键字寻找下一个"空"位置。将前面各元素分别放入散列表中，其中 8, 9, 10 的位置分别存放 25, 26, 8。元素 59 经过哈希函数计算应该存入位置 59 mod 17 = 8，发生冲突，采用线性探测再散列，依次比较 9, 10, 11，发现 11 为空，所以将其放入地址 11 中。各关键字对应的散列地址如下表所示。

关键字	26	25	72	38	8	18	59
散列地址	9	8	4	4	8	1	8

10．B。【解析】本题考查关键路径的性质。

关键路径是从源点到汇点最长的路径，关键路径可能并不唯一，当然各关键路径的路径长度一定是相等的。只有为各关键路径所共有的关键活动，且减少它尚不能改变关键路径的前提下，才可缩短工期，A 错误。根据关键路径的定义，关键路径上活动的时间延长多少，整个工程的时间也就必然随之延长多少，B 正确。如果是改变所有关键路径上共有的一个关键活动，那么不一定会影响关键路径的改变，C 错误。若所有的关键路径一同延长，则关键路径不会改变；但若一同缩短到一定的程度，则有可能引起关键路径的改变，D 错误。

11．C。【解析】本题考查初始堆的建立。

首先对以第 $\lfloor n/2 \rfloor$ 个结点为根的子树（也即最后一个结点的父结点为根的子树）筛选，使该子树成为堆，之后向前依次对各结点为根的子树进行筛选，直到筛选到根结点。从 $\lfloor n/2 \rfloor \sim 1$ 依次筛选堆的过程如下图所示。

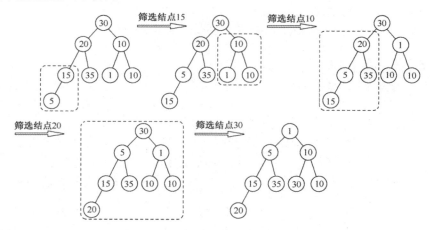

12．B。【解析】本题考查不同进制数之间的转换与算术移位运算。

对于本类题型，应先将 −1088 转换为 16 位的补码表示，执行算术右移后，再转换为十六进制数。R_1 的内容首先为 $[-1088]_{补} = 1111\ 1011\ 1100\ 0000B = FBC0H$。算术右移 4 位的结果为 $1111\ 1111\ 1011\ 1100B = FFBCH$，则此时 R_1 中的内容为 FFBCH。

注意：算术移位时保持最高的符号位不变，对于正数（符号位为 0），原码、补码、反码的算术左移/右移都是添 0；对于负数（符号位为 1），添补规则如下表所示。

46

原码	0
补码	左移添 0，右移添 1
反码	1

13. C。【解析】本题考查边界对齐原则。

对齐的规则是，如果这个变量占 x 字节，那么它的起始字节也是 x 的倍数。char 为 1 字节，按字节对齐；short 为 2 字节，按半字对齐；int 为 4 字节，按字（4 字节）对齐；double 为 8 字节，按两个字对齐。对应的存储结构如下图所示。

double		
double		
short		
int		

因此，所占字节应该是 16B，故选 C。

14. B。【解析】本题考查机器零。

只有当数据发生"上溢"时，机器才会终止运算操作，转去进行溢出处理，A 错误。规格化后可以判断运算结果是否上溢出（超过表示范围），但和机器零没有关联，规格化规定尾数的绝对值应大于等于 $1/R$（R 为基数），并小于等于 1，机器零显然不符合这个定义，C 错误。定点数中所表示的 0，是实实在在的 0（坐标轴上的），而不是趋近 0 的机器零，D 错误。在各种数码的表示法中，移码相当于真值在坐标轴上整体右移至正区间内，当移码表示的阶码全 0 时，为阶码表示的最小负数，此时直接认为浮点数是机器零，B 正确。

注意：当浮点运算结果在 0 到最小正数之间（正下溢）或最大负数到 0 之间（负下溢）时，浮点数值趋于 0，计算机将其当作机器零处理。

15. C。【解析】本题考查存储器的扩展。

对于此类题，首先应确定芯片的扩展方式，计算地址时不用考虑位扩展的方向，然后列出各组芯片的地址分配，确定给定地址所在的地址范围。用 8K×8 位的芯片组成一个 32K×32 位的存储器，每行中所需芯片数为 4，每列中所需芯片数为 4，32K 按字编址，地址位数 15 位。总共四组，则开头两位表示组数。于是地址划分如下：第一组：000 0000 0000 0000～001 1111 1111 1111 即 0000H～1FFFH（四位十六进制不是总共 16 位地址，是十五位），其他芯片同理。

各行芯片的地址分配如下：

第一行（4 个芯片并联）：0000H～1FFFH

第二行（4 个芯片并联）：2000H～3FFFH

第三行（4 个芯片并联）：4000H～5FFFH

第四行（4 个芯片并联）：6000H～7FFFH

故地址为 41F0H 所在芯片的最大地址为 5FFFH。

16. D。【解析】本题考查 Cache 容量的计算。

主存块大小 64B，因此块内偏移占 6 位；采用 8-路组相联，因此每组共有八块，共(32KB/64B)/8 = 64 = 2^6 组，因此组号占 6 位，则标记占 $32-6-6=20$ 位；由于采用回写方式，因此需要 1 位脏位（随机替换策略不需要额外标记位）；最后再加上 1 位有效位共 22 位，因此实际每个 Cache 行的大小为 64×8 + 22 = 534bit；L1 data Cache 和 L1 code Cache 均有 32KB/64B = 512 行，因此 L1 Cache 共需要 1024 行，综上，L1 Cache 的总容量至少需要 534bit×1024 = 534Kbit。

17. D。【解析】本题考查虚拟页式存储器和 TLB。
    页面有可能在磁盘中未调入内存，A 正确。页面可能刚使用没多久，已调入内存且在 TLB 中，B 正确。页面可能首次使用，已调入内存但不在 TLB 中，C 正确。页面如果在 TLB 中，就说明一定已在内存中，D 错误。

18. B。【解析】本题考查指令的寻址方式。
    指令 2222H 转换成二进制为 0010 0010 0010 0010，寻址特征位 X = 10，故用变址寄存器 X2 进行变址，位移量 D = 22H，则有效地址 EA = 1122H + 22H = 1144H。

19. D。【解析】本题考查总线的分类与特点。
    地址、控制和状态信息都是单向传输的，数据信息是双向传输的。

20. D。【解析】本题考查图像存储空间的计算。
    首先计算出每幅图的存储空间，然后除以数据传输率，就可以得出传输一幅图的时间。图像的颜色数为 65536 色，意味着颜色深度为 $\log_2 65536 = 16$（即用 16 位的二进制数表示 65536 种颜色），则一幅图所占据的存储空间为 640×480×16 = 4915200b。数据传输速度为 56kbps，则传输时间 = $4915200b/(56×10^3 bps)$ = 87.77s。
    注意：图片的大小不仅与分辨率有关，还与颜色数有关，分辨率越高、颜色数越多，图像所占的空间就越大。

21. C。【解析】本题考查中断向量。
    因为中断向量就是中断服务程序的入口地址，所以需要找到指定的中断向量，而中断向量是保存在中断向量表中的。因为 0800H 是中断向量表的地址，所以 0800H 的内容即是中断向量。

22. D。【解析】本题考查 RAID 磁盘阵列。
    独立磁盘冗余阵列（RAID）是将相同的数据存储在多个硬盘的不同的地方的方法。通过把数据放在多个硬盘上，输入输出操作能以平衡的方式交叠，改良性能。而且因为多个硬盘增加了平均故障间隔时间，存储冗余数据也增加了容错。RAID 不是减少冗余而是增加（RAID0 除外，RAID0 不增加冗余）。

23. B。【解析】本题考查用户态与核心态。
    设定定时器的初值属于时钟管理的内容，需要在内核态运行；Trap 指令是用户态到内核态的入口，可以在用户态下运行；内存单元复位属于存储器管理的系统调用服务，用户态下随便控制内存单元的复位将是很危险的行为。关闭中断允许位属于中断机制，它们都只能运行在内核态下。

24. B。【解析】本题主要考查进程控制块 PCB 部分内容。
    PCB 一般包含：PID、进程状态、进程队列指针、程序和数据地址、进程优先级、CPU 现场保护区等，不包含进程地址空间大小，因此选 B。

25. A。【解析】本题考查进程的执行。两个进程运行过程的甘特图如下：

A	CPU 25ms	IO₁ 30ms	CPU 20ms	IO₂ 20ms	CPU 20ms	IO₁ 30ms
B	CPU 20ms	IO₁ 30ms	CPU 20ms	IO₂ 20ms	CPU 10ms	IO₂ 20ms	CPU 45ms

可知进程 A 先运行结束，故选 A。遇到这种题一定要动手画出甘特图，否则是无法直接判断的。

26. B。【解析】本题考查进程的同步与互斥。

进程 P_0 和 P_1 写为

P_0: ① if(turn!=-1) turn=0; 　　P_1: ④ if(turn!=-1) turn=1;
　　② if(turn!=0) goto retry; 　　　　⑤ if(turn!=1) goto retry;
　　③ turn=-1; 　　　　　　　　　　　⑥ turn=-1;

当执行顺序为 1, 2, 4, 5, 3, 6 时，P_0 和 P_1 将全部进入临界区，所以不能保证进程互斥进入临界区。

有的同学认为这题会产生饥饿，理由如下：

当 P_0 执行完临界区时，CPU 调度 P_1 执行④。当顺序执行 1, 4, (2, 1, 5, 4), (2, 1, 5, 4), ⋯ 时，P_0 和 P_1 进入无限等待，即出现"饥饿"现象。

这是对饥饿概念不熟悉的表现。饥饿的定义是：当等待时间给进程推进和响应带来明显影响称为进程饥饿。当饥饿到一定程度的进程在等待到即使完成也无实际意义的时候称为饥饿死亡，简称饿死。

产生饥饿的主要原因是：在一个动态系统中，对于每类系统资源，操作系统需要确定一个分配策略，当多个进程同时申请某类资源时，由分配策略确定资源分配给进程的次序。

有时资源分配策略可能是**不公平**的，即不能保证等待时间上界的存在。在这种情况下，即使系统没有发生死锁，某些进程也可能会长时间等待。

而在本题中，P_0 和 P_1 只有满足了特定的某个序列才能达到"饥饿"的效果，并不是由资源分配策略本身不公平造成的，而这两个进程代码表现出来的策略是公平的，两个进程的地位也是平等的。满足上述特定的序列具有特殊性，就进程推进的不确定性而言，是基本不可能恰好地达到这种巧合的。否则，几乎所有这类进程都有可能产生饥饿。

27. D。【解析】本题考查死锁的性质。

对于 m 个用户，n 台独占设备，每个用户需要 k 台设备，要保证不死锁应满足 $m(k-1)+1 \leqslant n$，代入选项可知选 D。

28. C。【解析】考查页表中修改位的作用。

修改位是当某个页面调入内存以后，若程序对页面有修改，则把修改位置 1。当执行某种页面淘汰算法时，比如 CLOCK，将会把修改位作为选择淘汰页面时的参考，另外，当决定把修改位为 1 的页面换出去时，需要把该页重新写回辅存上。题目中程序修改是置位的原因，而不是供其参考，A 错误；分配页面和调入页面均不直接涉及修改位，B、D 错误。

29. A。【解析】本题考查虚拟存储器的特性。

页面的大小是由操作系统决定的，不同的操作系统的分页机制可能不同，对用户是透明的，故 B 错误。虚拟存储器只装入部分作业到内存是为了从逻辑上扩充内存，有些较小的程序一页便可全部装入就没有 10%～30% 的说法，C 的说法太绝对，故错误。最佳适应算法是动态分区分配中的算法，故 D 错误。

30. C。【解析】本题考查访存过程。

这种题需要能够理解整个访存过程，根据逻辑地址访存分为两部分：逻辑地址–物理地址–取数。逻辑地址–物理地址：先考虑是否在 TLB 中，若未命中则需要访问页表（在内存中），所以至少访存 0 次，至多 1 次；物理地址–取数，先考虑是否在 Cache 中，若未命中则需要访问内存，若内存也未命中则需要缺页中断访问磁盘，所以至少访存 0 次，至多 1 次。共最少访存 0 次，最多 2 次，选 C。

31. C。【解析】本题考查磁盘的性能分析。

磁盘旋转速度为 20ms/转，每个磁道存放 10 条记录，因此读出一条记录的时间为 20/10 = 2ms。

1) 对于第一种记录分布的情况，读出并处理记录 A 需要 6ms，则此时读写磁头已转到记录 D 的开始处，因此为了读出记录 B，必须再转一圈少两个记录（从记录 D 到记录 B）。后续 8 个记录的读取及处理与此相同，但最后一个记录的读取与处理只需 6ms。于是，处理 10 个记录的总时间为 9×(2 + 4 + 16)ms + (2 + 4)ms = 204ms。

2) 对于第二种记录分布的情况，读出并处理记录 A 后，读写磁头刚好转到记录 B 的开始处，因此立即就可读出并处理，后续记录的读取与处理情况相同。共选择 2.7 圈。最后一个记录的读取与处理只需 6ms。于是处理 10 个记录的总时间为 20×2.7 + 6ms = 60ms。

综上，信息分布优化后，处理的时间缩短了 204ms – 60ms = 144ms。

32．A。【解析】本题考查设备管理的知识点。

通道是一种硬件、或特殊的处理器，它有自身的指令，故 I 错误。通道没有自己的内存，通道指令存放在主机的内存中，也就是说通道与 CPU 共享内存，故 II 正确。为了实现设备独立性，用户使用逻辑设备号来编写程序，故给出的编号为逻辑编号，故 III 错误。来自通道的 I/O 中断事件是属于输入/输出的问题，故应该由设备管理负责，故 IV 正确。

注意：通道作为一种特殊的硬件或者处理器，具有诸多特征，它与一般处理器的区别，以及与 DMA 方式的区别要认真理解。

33．C。【解析】本题考查数据报的特点。

数据报服务具有如下特点：①发送分组前不需要建立连接。②网络尽最大努力交付，传输不保证可靠性，为每个分组独立地选择路由。③发送的分组中要包括发送端和接收端的完整地址，以便可以独立传输。④网络具有冗余路径，对故障的适应能力强。⑤收发双方不独占某一链路，资源利用率较高。由于数据报提供无连接的网络服务，只尽最大努力交付而没有服务质量保证，因此所有分组到达是无序的，故 C 错误。

34．B。【解析】本题考查香农定理的应用。

题干中已说明是有噪声的信道，因此应联想到香农定理，而对于无噪声的信道，则应联想到奈奎斯特定理。首先计算信噪比 $S/N = 0.62/0.02 = 31$；带宽 $W = 3.9 - 3.5 = 0.4\text{MHz}$，由香农定理可知最高数据传输率 $V = W\log_2(1 + S/N) = 0.4 \times \log_2(1 + 31) = 2\text{Mbps}$。

知识补充：奈奎斯特就是在采样定理和无噪声的基础上，提出了奈氏准则：$C_{max} = f_{采样} \times \log_2 N = 2f\log_2 N$，其中 f 表示带宽。而香农公式给出了有噪声信道的容量：$C_{max} = W\log_2(1 + S/N)$，其中 W 为信道的带宽。它指出，想提高信息的传输速率，应设法提高传输线路的带宽或者设法提高所传信号的信噪比。

35．B。【解析】本题考查停止 – 等待协议和信道利用率的计算。

停止 – 等待协议每发出一帧需要收到该帧 ack 才能发送下一帧，确认帧也为 50B（捎带确认说明帧长和数据帧一样），数据帧发送时间 = 确认帧发送时间 = 50B/2kbps = 200ms，一个发送周期 = 数据帧发送时间+确认帧发生时间+传输时间= 200ms + 200ms + 200ms = 600ms，信道利用率=发送时间/(发送时间+传输时间) = 200ms/600ms = 33%。

36．C。【解析】本题考查二进制指数退避算法。

发生冲突时，采用该算法需要从$[0, 1, 2, \cdots, (2^k - 1)]$中随机选取一个数，记为 r。重传应推后的时间就是 r 倍的争用期。而上面所述的 k 值即为重传次数，但不应该超过 10。即 $k = \min[10, 重传次数]$。在本题中重传次数为 5，因此本题答案为 $1/2^5 = 1/32$。

注意：这里要区分发送、碰撞以及重传次数：
第 i 次发送，那么之前发生了 $i-1$ 次碰撞，这次碰撞即第 $i-1$ 次重传，k 值应当选 $i-1$。
以这题为例，假设题目中说的是重传 2 次之后，那么：

第一次发送，发生第一次碰撞；

第二次发送，即第一次重传，[0, 1]内选，发生第二次碰撞；

第三次发送，即第二次重传，[0, 1, 2, 3]内选，发生第三次碰撞；

第四次发送，即第三次重传，[0, 1, 2, 3, 4, 5, 6, 7]内选，发生第四次碰撞；

即重传二次之后是第三次重传，即第四次发送，此时的 k 值应该选择 3。

37. B。【解析】本题考查 IP 分组的分片。

   I：标识字段在 IP 分组进行分片时，其值就被复制到所有的数据报片的标识字段中，但其值不变，故 I 无变化。

   II、III：路由器分片后，标志字段的 MF、DF 字段均应发生相应的变化，而且由于数据部分长度发生变化，片偏移字段也会发生变化，因此 II、III 均会发生变化。

   IV：总长度字段是指首部和数据部分之和的长度，它不是指未分片前的数据报长度，而是指分片后的每个分片的首部长度与数据长度的总和，所以 IV 会发生变化。

   V：首部检验和字段需要对整个首部进行检验，一旦有字段发生变化它也会发生改变，所以 V 也会发生变化。

38. B。【解析】本题考查 BGP 协议。

   BGP 协议是外部网关协议，在每个自治系统的发言人间传输，因为发言人的数目很少，所以 BGP 协议频率不高，可以使用基于连接的 TCP 协议，而向 OSPF 协议之采取泛洪法（频率高）直接使用 IP 协议。故选 B。

39. C。【解析】本题考查 TCP 传输的性能分析。

   发送时延 $t_1 = 65535 \times 8/(1 \times 10^9)$s，往返时延 $t_2 = 2 \times 0.01$s，当达到最大吞吐量时信道接收到确认之后立刻发送下一报文段，时间间隔 $t = t_1 + t_2$。所以最大吞吐量为 $65535 \times 8/(t_1 + t_2) \approx 25.5$Mbps，因为 $t_1 \ll t_2$，所以也可以估算 $65535 \times 8/t_1 = 26.2$Mbps，选出最接近的选项 C 即 25.5Mbps。

40. A。【解析】本题考查 TCP 的连接过程。

   ACK 确认比特，SYN 同步比特，用于建立连接同步序号，FIN 终止比特，用来释放一个连接，PSH 推送比特，用于推送操作，RST 复位比特，用于连接出现严重差错来释放连接，重新建立传输。当主动方发出连接建立请求时，接收端收到后应发送 ACK 来确认发送端的连接请求，并发送 SYN 请求建立接收端的连接。

二、综合应用题

41.【解析 1】最优解（时间复杂度最低）

   1）算法基本设计思想：

   ① 把数组的前 m 个元素视为一个归并段，后 n 个元素视为一个归并段，增加一个临时数组 B[1...m + n]存储临时归并结果。分别设置两个指针 k1 和 k2，指向两个归并段首元素，再设置一个指针 k3 指向临时数组下一个结果位置。

   ② 若 $1 \leqslant k1 \leqslant m$ 而且 $m + 1 \leqslant k2 \leqslant m + n$，则执行③；否则执行④。

   ③ 比较两个归并段指针所指元素的大小。如果 A[k1] $\leqslant$ A[k2]，那么 B[k3++] = A[k1++]；否则 B[k3++] = A[k2++]。执行②。

   ④ 若 k1 > m，则第二个归并段的元素还未比较完，把第二个归并段的剩余元素复制到数组 B。若 k2 > m + n，则第一个归并段的元素还未比较完，把第一个归并段的剩余元素复制到数组 B。最后把数组 B 复制到数组 A。

   2）算法的实现如下：

51

```
void Merge(int[] A) {                    //实现数组 1-m 和 m+1-m+n 两个归并段归并
  int B[m+n+1];                          //临时辅助数组 B[1...m+n]
  int k1,k2,k3;
  k1=1;k2=m+1;k3=1;                      //3 个指针
  while(k1<=m&&k2<=m+n ){                //如果两个归并段都没有比较完
      if(A[k1]<=A[k2]) B[k3++]=A[k1++];  //第一个归并段指针指向元素较小
      else B[k3++]=A[k2++];              //第二个归并段指针指向元素较小
  }
  if(k1>m)                               //把没有比较完的归并段中的剩余元素复制到数组B
      while(k2<=m+n) B[k3++]=A[k2++];
  else
      while(k1<=m) B[k3++]=A[k1++];
  for(int i=1;i<=m+n;i++)                //把临时数组 B 复制到 A 数组
      A[i]=B[i];
}
```

3) 总共遍历了 A 数组两遍，第一遍合并，第二遍复制结果，时间复杂度为 $O(m+n)$。临时数组 B 空间大小 $m+n$，所以空间复杂度为 $O(m+n)$。

【解析2】次优解

1) 算法的基本设计思想：

将数组 A 视为是两个长度分别为 m 和 n 的有序表 L1 和 L2，只需要将 L2 中的每个元素依次向前插入到前面有序数组部分中的合适位置即可。插入过程如下：

① 取表 L2 中的第一个元素 $A[m+1]$，暂存在 temp 中，让 temp 前插到合适的位置。

② 重复过程①，继续插入 $A[m+2], A[m+3], \cdots, A[m+n]$，直到数组 A 整体有序。

2) 算法的实现如下：

```
void InsertSort(int A[],int m,int n){
  int temp;                              //辅助变量，暂存待插入元素
  for(int i=m+1;i<=m+n;i++){             //将 L2 中的元素依次插入到前面有序部分
    temp=A[i];
    for(int j=i-1;j>=1&&temp<a[j];j--)   //向前查找待插入位置
        A[j+1]=A[j];                     //向后挪位
    A[j+1]=temp;                         //复制到插入位置
  }
}
```

3) 本算法的时间复杂度由 m 和 n 共同决定，最内层循环的 $A[j+1] = A[j]$ 为基本语句。在最坏情况下，即 L2 中的所有元素均小于 L1 中的最小元素，则对于 L2 中的每个元素，为了找到其插入位置都需要做 m 次移动，故时间复杂度为 $O(mn)$。空间复杂度为 $O(1)$。

42.【解析】

1) 树。

2) 采用孩子兄弟表示法，数据结构描述如下：

```
typedef struct CSNode{
  char name[MaxSize];                    //存储名称
  int NodeType;                          //值为 0 代表指向文件，为 1 代表指向目录
  union p{                               //用于存储指向文件/目录的信息指针
    filepointer p1;                      //文件信息
    catalogpointer p2;                   //目录信息
  };
  struct CSNode *firstchild,*nextsibling; //第一个孩子和右兄弟指针
}CSNode;
```

图中目录结构的存储大致如下:

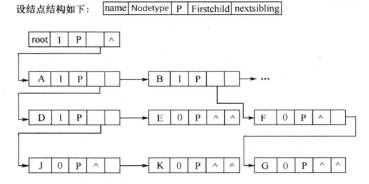

本小问只要符合题目要求的答案即可算正确，给出答案仅供参考。

3) 由哈夫曼树中没有度为 1 的结点可知任意哈夫曼树的 $n_1 = 0$，又因哈夫曼树为二叉树，满足 $n_0 = 1 + n_2$，所以哈夫曼树的总结点数 $n = n_0 + n_1 + n_2 = n_0 + 0 + n_0 - 1 = 2n_0 - 1$，可知无论初始有多少个叶子结点，哈夫曼树的总结点数一定为奇数。

43. 【解析】

1) 因为磁盘块大小为 512B，所以索引块大小也为 512B，每个磁盘地址大小为 2B。因此，一个一级索引表可容纳 256 个磁盘地址。同样，一个二级索引表可容纳 256 个一级索引表地址，一个三级索引表可容纳 256 个二级索引表地址。这样，一个普通文件最多可有文件页数为 10 + 256 + 256×256 + 256×256×256 = 16843018 页。

2) 由图可知，目录文件 A 和 D 中的目录项都只有两个，因此这两个目录文件都只占用一个物理块。要读文件 J 中的某一页，先从内存的根目录中找到目录文件 A 的磁盘地址，将其读入内存（已访盘 1 次）。然后从目录 A 中找出目录文件 D 的磁盘地址并将其读入内存（已访盘 2 次）。再从目录 D 中找出文件 J 的文件控制块地址并将其读入内存（已访盘 3 次）。在最坏情况下，该访问页存放在三级索引下，此时需要一级一级地读三级索引块才能得到文件 J 的地址（已访盘 6 次）。最后读入文件 J 中的相应页（共访盘 7 次）。所以，若要读文件 J 中的某一页，则最多启动磁盘 7 次。

3) 由图可知，目录文件 C 和 U 的目录项较多，可能存放在多个链接在一起的磁盘块中。在最好情况下，所需的目录项都在目录文件的第一个磁盘块中。先从内存的根目录中找到目录文件 C 的磁盘地址读入内存（已访盘 1 次）。在 C 中找出目录文件 I 的磁盘地址读入内存（已访盘 2 次）。在 I 中找出目录文件 P 的磁盘地址读入内存（已访盘 3 次）。从 P 中找到目录文件 U 的磁盘地址读入内存（已访盘 4 次）。从 U 的第一个磁盘块中找出文件 W 的文件控制块地址读入内存（已访盘 5 次）。在最好情况下，要访问的页在文件控制块的前 10 个直接块中，按照直接块指示的地址读文件 W 的相应页（已访盘 6 次）。所以，若要读文件 W 中的某一页，则最少启动磁盘 6 次。

4) 为了减少启动磁盘的次数，可以将需要访问的 W 文件挂在根目录最前面的目录项中。此时，只需读内存中的根目录就可以找到 W 的文件控制块，将文件控制块读入内存（已访盘 1 次），最差情况下，需要的 W 文件的那个页挂在文件控制块的三级索引下，那么读 3 个索引块需要访问磁盘 3 次（已访盘 4 次）得到该页的物理地址，再去读这个页即可（已访盘 5 次）。此时，磁盘最多启动 5 次。

44. 【解析】进程 PA、PB、PC 之间的关系为：PA 与 PB 共用一个单缓冲区，PB 又与 PC 共用一

个单缓冲区，其合作方式如下图所示。当缓冲区 1 为空时，进程 PA 可将一个记录读入其中；若缓冲区 1 中有数据且缓冲区 2 为空，则进程 PB 可将记录从缓冲区 1 复制到缓冲区 2 中；若缓冲区 2 中有数据，则进程 PC 可以打印记录。在其他条件下，相应进程必须等待。事实上，这是一个生产者-消费者问题。

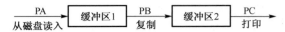

为遵循这一同步规则。应设置 4 个信号量 empty1、empty2、full1、full2，信号量 empty1 及 empty2 分别表示缓冲区 1 及缓冲区 2 是否为空，其初值为 1；信号量 full1 及 full2 分别表示缓冲区 1 及缓冲区 2 是否有记录可供处理，其初值为 0。相应的进程描述如下：

```
semaphore empty1=1;      //缓冲区 1 是否为空
semaphore full1=0;       //缓冲区 1 是否有记录可供处理
semaphore empty2=1;      //缓冲区 2 是否为空
semaphore full2=0;       //缓冲区 2 是否有记录可供处理
cobegin{
process PA(){
    while(TRUE){
        从磁盘读入一条记录;
        P(empty1);
        将记录存入缓冲区 1;
        V(full1);
    }
}
process PB(){
    while(TRUE){
        P(full1);
        从缓冲区 1 中取出一条记录;
        V(empty1);
        P(empty2);
        将取出的记录存入缓冲区 2;
        V(full2);
    }
}
process PC(){
    while(TRUE){
        P(full2);
        从缓冲区 2 中取出一条记录;
        V(empty2);
        将取出的记录打印出来;
    }
}
} coend
```

45.【解析】

1) 块大小为 16B，故块内地址为 4 位；Cache 有 32 个主存块，采用 2-路组相联，Cache 分为 32/2 = 16 组，故组号为 4 位；剩余为标记位，有 16−4−4 = 8 位。数据 Cache 的总位数包括标记项的总位数和数据块的位数。每个 Cache 行对应一个标记项，标记项中包括标记字段、LRU 算法位、有效位和"脏"位。标记项的总位数 = 32×(8 + 1 + 1 + 1) = 352 位，数据块的位数 = 32×16×8 = 4096 位，因此数据 Cache 的总位数 = 352 + 4096 = 4448 位。

2）每个主存块有 4 个字，因此 CPU 的 0, 4, 8,…, 380 单元分别在 0, 1,…, 95 号主存块单元中，采用 2-路组相联映射，主存块 0～15 分别映射到 0～15 号 Cache 组中，同理 16～31 分别映射到 0～15 号 Cache 组中，此时数据 Cache 已装满，之后 Cache 行不断被替换，重复这个过程。由于每个主存块的第一个字未命中，后面三个字都命中，因此命中率为 75%。

3）字地址 36A8H 对应的 Cache 组号为 AH=10、标记为 36H，快表中组号为 10、行号为 1 的块对应标记为 36H，有效位为 1，则地址为 36A8H 时，其主存块号为 36H，所以命中。

46.【解析】

1）题目中未说明编址方式时默认按照字节编址，int 占 4 字节，因此 0x80496dc～0x8049df 存放了 buf[0]的内容，−259 的十六进制补码为 0xfffffefd；数据存储采用小端方式，因此 0x80496dc 的内容是 0xfd，0x80496de 的内容是 0xff。

2）sum 机器代码所占字节数 = 0x804847d − 0x8048448 + 0x1 = 0x36 = 54。8048455 处的指令是跳转类指令，跳转类指令有可能造成指令流水线的控制阻塞。

3）页表大小为 4KB，默认按字节编址，页内地址为低 12 位，即 16 进制的后 3 位，而高 4 位是页号且都为 8048（十六进制），可以看出 sum 函数存放在同一页中，页号为 8048。

4）调用 sum 函数时已将该页调入内存，执行时访问指令不会发生缺页。根据汇编代码分析得到变量 s 的地址为 0x80496f0，数组 buf 首地址为 0x80496dc（每循环一次+0x4，共循环 4次），前 16 位是标记位，因此 s 和 buf 存放在同一页，且与 sum 函数不在同一页，访问 s和 buf 一共会产生 1 次缺页中断。

47.【解析】首先应根据题意给出局域网 A 和局域网 B 的子网，这里局域网 A 的编号为 01，也就是 202.38.60.01000000，即 202.38.60.64，一般选择该网络最小的地址分配给路由器的接口 a，即 201.38.60.01000001，即 202.38.60.65，子网掩码为 255.255.255.192。同理局域网 B 的子网编号为 10，202.38.60.10000000，即 202.38.60.128，接口 b 的地址为 202.38.60.10000001，即 202.38.60.129，子网掩码是 255.255.255.192。对于局域网 C，接口 c 的地址为 202.38.61.1，子网掩码为 255.255.255.0。问题 1）和 2）就可以求解了。

针对问题 3）和 4），也就是子网的广播地址，对于局域网 B，其广播地址为 202.38.60.10111111，即 202.38.60.191，对于局域网 C，就是标准的 202.38.61.255。

1）路由器端口 a   202.38.60.65   255.255.255.192

    路由器端口 b   202.38.60.129   255.255.255.192

    路由器端口 c   202.38.61.1   255.255.255.0

    路由器端口 d   61.60.21.80   255.0.0.0

可知，局域网 A 的子网掩码为 255.255.255.192；局域网 B 的子网掩码为 255.255.255.192；局域网 C 的子网掩码为 255.255.255.0。

2）路由器的路由表如下表所示。

目的网络地址	子网掩码	下一跳地址	接口
202.38.60.64	255.255.255.192	直接	a
202.38.60.128	255.255.255.192	直接	b
202.38.61.0	255.255.255.0	直接	c
61.0.0.0	255.0.0.0	直接	d
0.0.0.0	0.0.0.0	61.60.21.80	d

3）该广播是局域网 B 内的主机向局域网 B 内的主机发送的，所以主机号部分就是局域网 B 的网络号，即 202.38.60.128 = 202.38.60.1000 0000，子网掩码为 255.255.255.192，即 255.255.255.1100 0000，即后 6 位为主机号，因为是广播，所以主机号全填 1 即可，即 202.38.60.1011 1111。因为是在本网段广播，所有位都填 1 也可以，即 255.255.255.255。所以答案为 202.38.60.191 或者 255.255.255.255（考试时如果是本网段广播，建议写全 1，即 255.255.255.255）。

4）该广播是局域网 B 内的主机向局域网 C 内的主机发送的，所以主机号部分就是局域网 C 的网络号，即 202.38.61.00，子网掩码为 255.255.255.0，即后 8 位为主机号，因为是广播，所以主机号全填 1 即可，即 202.38.61.1111 1111，答案就为 202.38.61.255。

全国硕士研究生入学统一考试

计算机科学与技术学科联考

计算机专业基础综合考试模拟试卷（六）参考答案

一、单项选择题（第 1～40 题）

1.	A	2.	C	3.	A	4.	B	5.	C	6.	D	7.	B	8.	C
9.	C	10.	B	11.	C	12.	B	13.	B	14.	D	15.	A	16.	A
17.	C	18.	B	19.	C	20.	C	21.	B	22.	D	23.	C	24.	B
25.	C	26.	D	27.	A	28.	A	29.	A	30.	A	31.	C	32.	C
33.	A	34.	D	35.	A	36.	C	37.	C	38.	A	39.	A	40.	A

01. A。【解析】本题考查静态数组。

0 号是头结点，0→5→4→6→2，所以第 4 个结点为 2 号，对应的 data 为 37，因此选 A。

02. C。【解析】本题考查入栈与出栈的顺序关系。

有两种方法，第一种方法是把所有出栈序列选出来并找到第二个元素为 c 的。第二种是模拟保证第二个出栈元素为 c，有以下几种情况：①a 入栈、出栈，b 入栈，c 入栈、出栈，即出栈顺序为 $acxx$，此时栈中为 b，还有 d 未入栈，xx 可能为 bd、db 共 2 种；②a 入栈，b 入栈、出栈，c 入栈、出栈，即出栈顺序为 $bcxx$，此时栈中为 a，还有 d 未入栈，xx 可能为 ad、da 共 2 种；③a 入栈，b 入栈，c 入栈，d 入栈、出栈，c 出栈，即出栈顺序为 $dcxx$，此时栈中为 ab，xx 只能为 ba，共 1 种。总共 5 种，故选 C。

03. A。【解析】本题考查循环队列的性质。

分 rear > front 和 rear < front 两种情况讨论：

① 当 rear > front 时，队列中元素个数为 rear − front = (rear − front + m)%m

② 当 rear < front 时，队列中元素个数为 m − (front − rear) = (rear − front + m)%m

综合①、②可知，选项 A 正确。

【另解】特殊值代入法：对于循环队列，选项 C 和 D 无取 MOD 操作，显然错误，直接排除。

设 front = 0、rear = 1，则队列中存在一个元素 A[0]，代入 A、B 两项，显然仅有 A 符合。

注意：①不同教材对队尾指针的定义可能不同，有的定义其指向队尾元素，有的定义其指向队尾元素的下一个元素，不同的定义会导致不同的答案（决定是先移动指针，还是先存取元素），考题中通常都会特别说明。②循环队列的队尾指针、队头指针、队列中元素个数，知道其中任何两者均可求出第三者。

04. B。【解析】本题考查三对角矩阵的存储。

可以先考虑 $a_{i,i}$ 的下标，$a_{1,1}$ 为 B[0]，$a_{2,2}$ 为 B[3]，$a_{i,i}$ 为 B[3i−3]（$i > 1$），排除 A 和 C，又因为 $a_{i,i+1}$ 为 B[3i−2]（$i > 1$）。

05. C。【解析】本题考查串的 next 数组。

1）设 next[1] = 0，next[2] = 1。

编号	1	2	3	4	5
S	a	c	a	b	a
next	0	1			

2）当 $j=3$ 时，此时 $k = \text{next}[j-1] = \text{next}[2] = 1$，观察 S[2] 与 S[k]（S[1]）是否相等，S[2] = c，S[1] = a，S[2] != S[1]，此时 $k = \text{next}[k] = 0$，所以 $\text{next}[j] = 1$。

$\downarrow j-1 = 2$
a c A b a a
  a C a b a
  ↑ $k = 1$

3）当 $j=4$ 时，此时 $k = \text{next}[j-1] = \text{next}[3] = 1$，观察 S[3] 与 S[k]（S[1]）是否相等，S[3] = a，S[1] = a，S[2] = S[1]，所以 $\text{next}[j] = k+1 = 2$。

$\downarrow j-1 = 3$
a c a b a
  a c a b a
  ↑ $k = 1$

4）当 $j=5$ 时，此时 $k = \text{next}[j-1] = \text{next}[4] = 2$，观察 S[4] 与 S[k]（S[2]）是否相等，S[4] = b，S[2] = c，S[4] != S[2]，所以 $k = \text{next}[k] = 1$。

$\downarrow j-1 = 4$
a c a b a
   a c a b a
    $k = 2$

5）此时 S[k] = S[1] = a，S[4] != S[1]，所以 $k = \text{next}[k] = \text{next}[1] = 0$，所以 $\text{next}[j] = 1$。

$\downarrow j-1 = 4$
a c a b a
  a c a b a
  ↑ $k = 1$

此时可知 next 数组为 01121。

06. D。【解析】本题考查平衡二叉树的构造。

由题中所给的结点序列构造平衡二叉树的过程如图 1 所示，当插入 51 后，首次出现不平衡子树，虚线框内即为最小不平衡子树，根为 75。

07. B。【解析】本题考查二叉排序树。

二叉排序树插入时要找到一个空的位置然后插入变成叶结点，A 正确。二叉排序树删除时可以删除任意结点，如果是根结点，需要改变原树形状，B 错误。二叉排序树满足左子树 < 根 < 右子树，和中序一致，所以对二叉排序树中序遍历可以得到一个有序序列，C 正确。二叉排序树的查找最多需要查找 h 次，h 即为层数，D 正确。

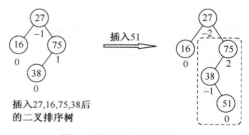

图 1　构造平衡二叉树

08. C。【解析】本题考查深度优先遍历。

深度优先遍历是找到新的访问结点后，就从新结点开始找新的访问结点，如果没有找到，那么就回溯到上一个找到的新的访问结点继续查找。从顶点 1 出发，下一个新访问结点 3，从 3

开始，找到 4，从 4 开始，没有新结点，回溯到 3，找到新访问结点 5，从 5 开始，找到 2，从 2 开始没有新结点，回溯到 5，没有新结点，回溯到 3，没有新节结，回溯到 1，没有新结点，访问结束。所以得到的顶点序列为 1, 3, 4, 5, 2。

注：当一个图只给了相应的图形时，那么它采用哪种遍历方式，遍历序列一般是不唯一的，但是在给定了存储结构（邻接矩阵或邻接表等）时，一般相应的遍历序列都是唯一的。

09. C。【解析】本题考查散列表的性质。

不同冲突处理方法对应的平均查找长度是不同的，Ⅰ 错误。散列查找的思想是通过散列函数计算地址，然后比较关键字确定是否查找成功，Ⅱ 正确。平均查找长度与填装因子（即表中记录数与表长之比）有关，Ⅲ 错误。在开放定址的情况下，不能随便删除表中的某个元素（只能标记为删除状态），否则可能会导致搜索路径被中断，Ⅳ 错误。

10. B。【解析】本题考查初始堆的构造过程。

首先对以第 $\lfloor n/2 \rfloor$ 个结点为根的子树筛选，使该子树成为堆，之后向前依次对各结点为根的子树进行筛选，直到筛选到根结点。序列 {48, 62, 35, 77, 55, 14, 35, 98} 建立初始堆的过程如下图。

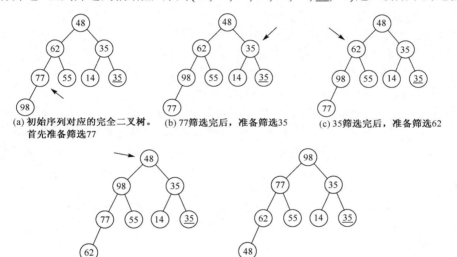

(a) 初始序列对应的完全二叉树。首先准备筛选 77
(b) 77 筛选完后，准备筛选 35
(c) 35 筛选完后，准备筛选 62
(d) 62 筛选完后，准备筛选 48
(e) 48 筛选完，得到一个大根堆

如图所示，(a) 调整结点 77，交换 1 次；(b) 调整结点 35，不交换；(c) 调整结点 62，交换 2 次；(d) 调整结点 48，交换 3 次。所以上述序列建初始堆，共交换元素 6 次。

11. C。【解析】本题考查各种内部排序算法的性能。

选择排序在最好、最坏、平均情况下的时间性能均为 $O(n^2)$，归并排序在最好、最坏、平均情况下的时间性能均为 $O(n\log_2 n)$。各种排序方法对应的时间复杂度见下表。快速排序在原序列本身有序的时候达到最坏的时间复杂度，直接插入排序在原序列本身有序的时候达到最好的时间复杂度。

时间复杂度	直接插入	冒泡排序	简单选择	希尔排序	快速排序	堆排序	二路归并
平均情况	$O(n^2)$	$O(n^2)$	$O(n^2)$	—	$O(n\log_2 n)$	$O(n\log_2 n)$	$O(n\log_2 n)$
最好情况	$O(n)$	$O(n)$	$O(n^2)$	—	$O(n\log_2 n)$	$O(n\log_2 n)$	$O(n\log_2 n)$
最坏情况	$O(n^2)$	$O(n^2)$	$O(n^2)$	—	$O(n^2)$	$O(n\log_2 n)$	$O(n\log_2 n)$

12. B。【解析】本题考查控制器的功能。

数据和指令通过总线从内存传至 CPU，但传送的是指令还是数据总线本身是无法判断的，所以通过总线无法区分指令和数据，而主存能通过总线和指令周期区分地址和非地址数据。运算器是对数据进行逻辑运算的部件，控制存储器是存放微指令的部件，这二者均无区分指令和数据的功能。

注意：在控制器的控制下，计算机在不同的阶段对存储器进行读写操作时，取出的代码也就有不同的用处。在取指阶段读出的二进制代码是指令，在执行阶段读出的则是数据。

13. B。【解析】本题考查补码数的符号扩展。

将 16 位有符号数扩展成 32 位有符号数，符号位不变，附加位是符号位的扩展。这个数是一个负数，而 A 表示正数，C 的数值部分发生变化，D 用 0 来填充附加位，所以只有 B 正确。

注意：符号扩展的方法根据机器数的不同而不同，如下表所示。

正数		原符号位移动到新符号位上，新表示形式的所有附加位都用 0 进行填充
负数	原码	原符号位移动到新符号位上，新表示形式的所有附加位都用 0 进行填充
	反码、补码	原符号位移动到新符号位上，新表示形式的所有附加位都用 1 进行填充

14. D。【解析】本题考查数据的存储和排列。

int 型变量长度为 32 位，即 4B，所以 0x804932a 中存放 –10 中的高位或低位的第 2 个字节，–10 的十六进制为 FFFF FFF6H，存放内容为 FF，即 D。注意，本题没有说明采用哪种对齐方式，不论是大端方式还是小端方式，答案均为 FF。

15. A。【解析】本题考查不同类型数据转换的精度问题。

float 的范围是 –3.4E+38 ~ 3.4E+38，比 int 的大，所以不会溢出，但是有可能因为精度问题出现舍入，A 错误。double 是双精度浮点数，范围 > float > int，B 正确。double 变 float，范围变小、精度也变小，可能会溢出，也可能舍入，C 正确。double 转换为 int，只要不是整数就会舍入，D 正确。

16. A。【解析】本题考查 Cache 命中率的相关计算。

命中率 = 4800/(4800 + 200) = 0.96，因为 Cache 和主存不能同时访问，所以当 Cache 中没有当前块时，消耗的时间为 10 + 50，平均访问时间 = 0.96×10 + (1 – 0.96)×(10 + 50) = 12ns，故效率 = 10/12 = 0.833。

17. C。【解析】本题考查转移指令的执行。

根据汇编语言指令 JMP * –9，即要求转移后的目标地址为 PC 值 –09H，而因为相对寻址的转移指令占 2 字节，取完指令后 PC = (PC) + 2 = 2002H，–9 = 1111 0111 = F7H，则跳转完成后 PC = 2002H – 9H = 2002H + FFF7H = 1FF9H。

18. B。【解析】本题考查透明性问题。

选项 A、C、D 中的内容都可以直接在汇编语言中出现和改变，而 Cache 是 CPU 内部供 CPU 访问的（为了缩小 CPU 和内存的速度差），Cache 机制完全由硬件实现，不管是用户还是程序员都不可见。

19. C。【解析】本题考查取指周期完成的操作。

CPU 首先需要取指令，取指令阶段的第一个操作就是将指令地址（程序计数器 PC 中的内容）送往存储器地址寄存器。题干中虽然给出了一条具体的指令"MOV R0, #100"，但实际上 CPU 首先要完成的操作是取指令，与具体指令是没有关系的。

注意：取指周期完成的微操作序列是公共的操作，与具体指令无关。

20. C。【解析】本题考查总线猝发传输。

25ns 是 5 个周期，根据猝发传输，第 1 个周期传输地址，后 4 个周期传输数据，即传输了 4

60

个 32bit 数据，共 128 位。

21. B。【解析】本题考查磁盘访问时间计算。
磁盘访问时间 = 寻找磁道时间 t_1 + 找扇区时间 t_2 + 传输时间 t_3。
t_1 = 5ms；t_2 = 转半圈的时间 = 0.5r/6000rpm = 5ms；t_3 = 512B/(4MBps) = 0.125ms。
T = 5ms + 5ms + 0.125ms = 10.125ms，选 B。

22. D。【解析】本题考查通道的工作过程。
通道的基本工作过程（以一次数据传送为例）如下：
① 在用户程序中使用访管指令进入操作系统管理程序，由 CPU 通过管理程序组织一个通道程序，并使用 I/O 指令启动通道（此后 CPU 并行运行应用程序）。
② 通道处理器执行 CPU 为其组织的通道程序，完成指定的数据的输入/输出工作。
③ 通道程序结束后，向 CPU 发出中断请求。CPU 响应此中断请求后，第二次进入操作系统，调用管理程序对输入/输出中断进行处理。

23. C。【解析】本题考查用户态和核心态。
有两种方法：第一种方法是看指令的频率，因为从用户态切换到核心态需要大量时间，所以只能在核心态运行指令很少，算术运算、从内存取数、把结果送入内存在每条指令中都可能多次出现，所以是用户态指令，而输入/输出指令频率较低，更有可能是只能在核心态运行；第二种方法是看指令对系统的影响，算术运算、从内存取数、把结果送入内存一般都只会影响到计算的结果，而输入/输出指令需要使用 I/O 设备，涉及资源使用，有可能影响到其他进程及危害计算机，所以不能在用户态执行。

24. B。【解析】本题考查高响应比优先调度和平均周转时间。
高响应比优先调度算法综合考虑了进程的等待时间和执行时间，响应比 = (等待时间 + 执行时间)/执行时间。J_1 第一个提交，也第一个执行，J_1 在 10:00 执行完毕，这时 J_2、J_3 都已到达。J_2 的响应比 = (1.5 + 1)/1 = 2.5，J_3 的响应比 = (0.5 + 0.25)/0.25 = 3，故第二个执行 J_3；第三个执行 J_2。平均周转时间 = (J_1 的周转时间 + J_2 的周转时间 + J_3 的周转时间)/3 = [2 + (1.75 + 1) + (0.5 + 0.25)]/3 = 5.5/3 = 1.83。

25. C。【解析】考查信号量机制的分析。

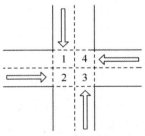

不妨如上图所示，把十字路口车道的公共区域分为 4 块，分别为图上的 1, 2, 3, 4，直行的车辆需要获得该方向上的两个邻近的临界资源，如北方开来的车辆需要获得 1, 2 两个临界资源，南方开来的车需要获得 3, 4 两个临界资源。而往右转的车辆则只需要获得一个临界资源，比如北方来车右转的情况需要获得 1 这个临界资源。左转的情况需要获得 3 个临界资源，比如北方来车左转组需要 1, 2, 3 号临界资源。综上所述，4 个临界资源便可以很好地保证车子不相撞（即互斥的效果）。当然只用 4 个信号量还是很容易造成死锁的，不过这并不是本题要考虑的问题，题目中问到的是至少用几个信号量。

也可以用排除法来做该题,该路口可以有南北方向车同时直行,所以临界资源个数大于等于 2,排除 A。该路口可以 4 个方向车都左转,所以临界资源个数大于等于 4,排除 B。选项 D 通常不会选,所以选 C。

26. D。【解析】本题考查死锁的检测。
选项 A 不会发生死锁,只有一个进程怎么也不会发生死锁。选项 B 不会发生死锁,两个进程各需要一个资源,而系统中刚好有 2 个资源。选项 C 不会发生死锁,3 个进程需要的最多资源数都是 2,系统总资源数是 4,所以总会有一个进程得到 2 个资源,运行完毕后释放资源。选项 D 可能会发生死锁,当 2 个进程各自都占有了 2 个资源后,系统再无可分配资源。由此可得出结论:当满足 $m \geq n(w-1)+1$ 时,不会产生死锁。

27. A。【解析】本题考查逻辑地址和物理地址的转换。
块大小为 128KB/32 = 4KB,因为块与页面大小相等,所以每页为 4KB。第 3 页被装入到主存第 6 块中,故逻辑地址[3, 70]对应的物理地址为 4KB×6 + 70 = 24576 + 70 = 24646。

28. A。【解析】本题考查缺页中断的计算。
进程的工作集是 2 个页框,其中一个页框始终被程序代码占用,所以可供数据使用的内存空间只有一个页框。在虚空间以行为主序存放,每页存放 128 个数组元素,所以每行占一页。程序 1 访问数组的方式为先行后列,每次访问都是针对不同的行,所以每次都会产生缺页中断,一共 128×128 次。程序 2 访问数组的方式是先列后行,每次访问不同行时会产生缺页中断,一共 128 次。

29. A。【解析】本题考查虚拟存储器的地址转换。
对于这类题首先写出地址结构,每页 1KB = 2^{10}B,即页内地址 10 位,虚存有 1024 页 = 2^{10} 页,即虚拟页号 10 位,主存 64KB = 2^6 页,即物理页框号 6 位。虚拟地址 0x00A6F 即 0000000010 1001101111,页号为 2,该页对应页框号为 4,物理地址为 000100 1001101111 即 0x126F。

30. A。【解析】本题考查文件的物理结构。
对于 I,直接存取存储器(磁盘)既不像 RAM 那样随机地访问任一个存储单元,又不像顺序存取存储器(如磁带)那样完全顺序存取,而是介于两者之间,存取信息时通常先寻找整个存储器的某个小区域(如磁盘上的磁道),再在小区域顺序查找。所以直接存取不完全等于随机存取。索引顺序文件若存放在磁带上,则无法实现随机访问,也就失去了索引的意义,II 显然正确。磁盘上的文件可以直接访问,也可以顺序访问,但顺序访问比较低效,III 正确。对于 IV,在顺序文件的最后添加新记录时,则不必复制整个文件。

31. C。【解析】本题考查文件管理和 I/O 管理。
操作系统将 I/O 设备都视为文件,按文件方式提供给用户使用,如目录的检索、权限的验证等都与普通文件相似,只是对这些文件的操作是和设备驱动程序紧密相连的,操作系统将这些操作转为对具体设备的操作。而实现"按名存取"属于文件管理的功能。

32. C。【解析】本题考查缓冲区的计算。
这是单缓冲区,数据输入缓冲区的时间 T = 80μs,缓冲区数据传送到 CPU 的时间 M = 40μs,CPU 对这块数据处理的时间 C = 30μs,处理每块数据的时间 = max(C, T) + M = 120μs,故选 C。

33. A。【解析】考查网络参考模型的服务访问点。
在以太网帧中,有目的地址、源地址、类型、数据部分、FCS 共 5 个字段,其中"类型"字段是数据链路层的服务访问点,它指出了数据字段中的数据应交给哪个上层协议,如网络层的 IP 协议。此外,网络层的服务访问点为 IP 数据报的"协议"字段,传输层的服务访问点为"端口号"字段,应用层的服务访问点为"用户界面"。

62

34. D。【解析】本题考查香农定理的应用。
在一条带宽为 W Hz、信噪比为 S/N 的有噪声信道的最大数据传输率 V_{max} 为 $W \log_2(1 + S/N)$ bps。
先计算信噪比 S/N：由 30dB = $10 \log_{10} S/N$，得 $\log_{10} S/N = 3$，所以 $S/N = 10^3 = 1000$。
$V_{max} = W \log_2(1 + S/N)$ bps = $4000 \log_2(1 + 1000)$ bps ≈ 4000×9.97 bps < 40kbps。

35. A。【解析】本题考查了有关 GBN 协议的相关机制问题。
在 GBN 协议中，接收窗口尺寸被定为 1，从而保证了按序接收数据帧。如果接收窗口内的序号为 4，那么此时接收方需要接收到的帧即为 4 号帧，即便此时接收到正确的 5 号帧，接收端也会自动丢弃该帧从而保证按序接收数据帧。
注意：GBN 协议中接收端是没有缓存的，所以也不存在将 5 号帧缓存下来的说法。

36. C。【解析】本题考查最小帧长与信道利用率。
在确认帧长度和处理时间均可忽略不计的情况下，信道的利用率≈$t_{发送时间}/(t_{发送时间} + 2t_{传播时间})$。
根据信道利用率的计算公式，当发送一帧的时间等于信道的传播时延的 2 倍时，信道利用率是 50%，或者说当发送一帧的时间等于来回路程的传播时延时，效率将是 50%，即 20ms×2 = 40ms。现在发送速率是 4000bps，即发送一位需要 0.25ms，则帧长 40/0.25 = 160bit。

37. C。【解析】本题考查子网地址的计算。
子网掩码与 IP 地址逐位相"与"可得网络地址。主机号为全 0 表示本网络，全 1 表示本网络的广播地址。从子网掩码可以看出，网络地址与第四个字节有关。因此，130.25.3.135 的二进制为 130.25.3.1000 0111，子网掩码的二进制为 255.255.255.1100 0000，两者相与，因此网络地址为 130.25.3.1000 0000，换算成十进制为 130.25.3.128。最后 6 位为主机号，主机号不能为全 0 或全 1，最大可分配地址个数为 $2^6 - 2 = 62$。

38. A。【解析】本题考查 IP 数据报。
选项 A，因为只考虑一般路由器转发，不考虑 nat，所以源地址不会改变。选项 B，数据报每经过一个路由器生存期就会减 1。选项 C，数据报有可能会分片，单个报文总长度会变化。选项 D，因为其他字段会变化导致校验和也会改变。

39. A。【解析】本题考查 TCP 连接释放的过程，其过程如下图所示。
由图可知，客户机在发送完第四次挥手时不会立刻关闭连接，而是等待 2MSL 确保对方所有帧都已接收完毕再释放连接，这段时间就是 TIME-WAIT，故选 A。

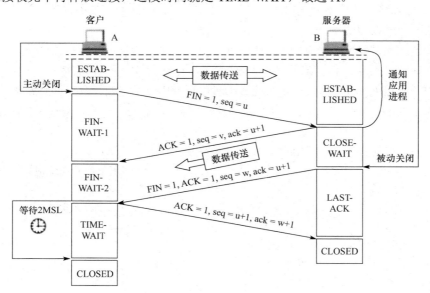

40. A。【解析】本题考查多种协议所在的层数。
    链路层：PPP、HDLC、CSMA
    网络层：ARP、ICMP、IP、OSPF
    传输层：TCP、UDP
    应用层：DHCP、RIP、BGP、DNS、FTP、POP3、SMTP、HTTP、MIME
    故选 A。

二、综合应用题

41. 【解析】由于二叉树前序遍历序列和中序遍历序列可唯一确定一棵二叉树，因此，若入栈序列为 1, 2, 3,…, n，相当于前序遍历序列是 1, 2, 3,…, n，则出栈序列就是该前序遍历对应的二叉树的中序序列的数目，而中序遍历的过程实质就是一个结点进栈和出栈的过程。

    二叉树的形态确定了结点进栈和出栈的顺序，也就确定了结点的中序序列。当结点入栈序列为{1, 2, 3}时，出栈序列可能为{3, 2, 1}、{2, 3, 1}、{2, 1, 3}、{1, 3, 2}、{1, 2, 3}，它们对应二叉树如下图所示。

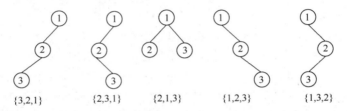

    【扩展】进栈出栈操作与二叉树中序遍历的关系：①一个结点进栈后有两种处理方式：要么立刻出栈（没有左孩子）；或者下一个结点进栈（有左孩子）。②一个结点出栈后也有两种处理方式：要么继续出栈（没有右孩子）；或者下一个结点进栈（有右孩子）。

42. 【解析】思路 1（借助栈，空间复杂度高）：将表的前半部分依次进栈，依次访问后半部分时，从栈中弹出一个元素，进行比较。思路 2（类似折纸的思想，算法复杂）：找到中间位置的元素，将后半部分的链表就地逆置，然后前半部分从前往后、后半部分从后往前比较，比较结束后再恢复（题中没有说不能改变链，故可不恢复）。

    为了让算法更简单，这里采用思路 1，思路 2 中的方法留给有兴趣的读者。

    1）算法的基本设计思想：
    ① 借助辅助栈，将链表的前一半元素依次进栈。注意 n 为奇数时要特殊处理。
    ② 在处理链表的后一半元素时，访问到链表的一个元素后，就从栈中弹出一个元素，两元素比较，若相等，则将链表中下一元素与栈中再弹出元素比较，直至链表到尾。
    ③ 若栈是空栈，则得出链表中心对称的结论；否则，当链表中一元素与栈中弹出元素不等时，得出链表非中心对称的结论。

    2）算法的实现如下：

```
typedef struct LNode{                    //链表结点的结构定义
  char data;                             //结点数据
  struct LNode *next;                    //结点链接指针
} *LinkList;
int Str_Sym(LinkList L,int n){
//本算法判断带头结点的单链表是否是中心对称
  Stack s;initstack(s);                  //初始化栈
```

```
        LNode *q,*p=L->next;              //q 指向出栈元素，p 工作指针
        for(int i=1;i<=n/2;i++){          //前一半结点入栈
        push(p);
        p=p->next;
        }
        if(n%2==1) p=p->next;             //若 n 为奇数，则需要特殊处理
        while(p!=null){                   //后一半表依次和前一半表比较
        q=pop(s);                         //出栈一个结点
        if(q->data==p->data) p=p->next;   //相等则继续比较下一个结点
        else break;                       //不等则跳出循环
        }
        if(empty(s)) return 1;            //若栈空，则说明对称
        else return 0;                    //否则不对称
    }
```

3）算法的时间复杂度为 $O(n)$，空间复杂度为 $O(n)$。

思考：当长度未知时，该如何操作比较方便？

这里给出两种参考方法：

① 先用遍历一遍链表数出元素个数再按参考答案操作。

② 同时设立一个栈和一个队列，直接遍历一边链表把每个元素的值都入栈、入队列，然后一一出栈、出队列比较元素的值是否相同。

43.【解析】

1）x 是无符号整数，所有的二进制位均为数值位，C000 0004H 的真值为 $2^{31}+2^{30}+2^2$。$x/2$ 是由逻辑右移一位得到的，即 $(2^{31}+2^{30}+2^2)/2$，其真值为 $2^{30}+2^{29}+2$，存放在 R_1 中的机器码是 6000 0002H。$2x$ 是由 x 逻辑左移一位得到的，真值发生溢出，存放在 R_1 中的机器码是 8000 0008H。

2）机器码 C000 0004H = 1100 0000 0000 0000 0000 0000 0000 0100B，表示这是一个负数，数值位取反末位加 1，得到的二进制原码为 1011 1111 1111 1111 1111 1111 1111 1100，即二进制真值为 -0011 1111 1111 1111 1111 1111 1111 1100，对应的十进制真值为 $-(2^{30}-2^2)$。$x/2$ 是由 x 算术右移一位得到的，其真值为 $-(2^{29}-2)$，存放在 R_1 中的机器码是 E000 0002H。$2x$ 是由 x 算术左移一位得到的，其真值为 $-(2^{31}-2^3)$，存放在 R_1 中的机器码是 8000 0008H。

3）在 IEEE 754 单精度浮点数中，最高位为数符位；其后是 8 位阶码，以 2 为底，用移码表示，阶码的偏置值为 127；其后 23 位是尾数数值位，隐藏数值的最高位"1"。转换为二进制 1 100 0000 0 000 0000 0000 0000 0000 0100，可知，x 为负数，阶码为 1，尾数为 $1+2^{-21}$，所以真值为 $-(1+2^{-21})\times 2$。$x/2$ 的真值是 $-(1+2^{-21})$，存放在 R_1 中的机器码是 1 011 1111 1 000 0000 0000 0000 0000 0100，即 BF80 0004H。$2x$ 的真值是 $-(1+2^{-21})\times 2^2$，存放在 R_1 中的机器码是 1 100 0000 1 000 0000 0000 0000 0000 0100，即 C080 0004H。

44.【解析】

1）① 页大小为 256B = 2^8B，即页内地址 8 位。

页号位 16 - 8 = 8 位；即高 8 位为虚拟页号，低 8 位为页内地址。

② TLB 有 16/4 = 4 组 = 2^2 组，即索引号 2 位。

8 - 2 = 6，标记位 6 位；高 6 位为标记号，中间 2 位为索引号，低 8 位为页号。

2）13 − 8 = 5，物理页号为 5 位。

高 5 位为物理页号，低 8 位为页内偏移量。

3）Cache 采用直接映射，块内 4B = 2^2B，块内地址 2 位。

有 16 = 2^4 块，行索引 4 位。 13 − 4 − 2 = 7，标记 7 位。

高 7 位是标记，中间 4 位是行索引，低 2 位是块内地址。

4）先根据逻辑地址 0000 0110 0111 1010B 查询 TLB，索引号为 10B = 2，标记为 000001B = 01H 有效位为 1 命中，页框号为 19H，物理地址为 1 1001 0111 1010B = 197AH。因为 short 型变量的首地址应是 2 的倍数，所以该变量保存在 197AH～197BH 中。

然后根据物理地址查找 cache，标记是 1100101B = 65H，行索引是 1110B = EH，有效位为 1 命中，块内 10 位是 4AH，11 位是 2DH，因为 short 是小端，所以值为 2D4AH。

45.【解析】

1）采用先来先服务调度时，执行作业的次序为 P₁, P₂, P₃, P₄, P₅，如下表所示。

作业号	就绪时刻	服务时间	等待时间	开始时刻	结束时刻	周期时间	带权周转时间
P₁	0	3	0	0	3	3	3/3 = 1.0
P₂	2	6	1	3	9	7	7/6 = 1.17
P₃	4	4	5	9	13	9	9/4 = 2.25
P₄	6	5	7	13	18	12	12/5 = 2.4
P₅	8	2	10	18	20	12	12/2 = 6.0
平均						8.6	2.56

2）采用短作业优先调度时，执行作业的次序为 P₁, P₂, P₅, P₃, P₄，如下表所示。

作业号	就绪时刻	服务时间	等待时间	开始时刻	结束时刻	周期时间	带权周转时间
P₁	0	3	0	0	3	3	3/3 = 1.0
P₂	2	6	1	3	9	7	7/6 = 1.17
P₅	8	2	1	9	11	3	3/2 = 1.5
P₃	4	4	7	11	15	11	11/4 = 2.75
P₄	6	5	9	15	20	14	14/5 = 2.8
平均						7.6	1.84

3）采用高响应比优先调度时，响应比 = (等待时间+服务时间)/运行时间。在时刻 0，只有进程 P₁ 就绪，执行 P₁，在时刻 3 结束。此时只有 P₂ 就绪，执行 P₂，在时刻 9 结束。此时 P₃, P₄, P₅ 均就绪，计算它们的响应比分别为 2.25, 1.6, 1.5，则选择执行 P₃，在时刻 13 结束。此时 P₄, P₅ 均就绪，计算它们的响应比分别为 2.4, 3.5，则选择执行 P₅，在时刻 15 结束。此时只有 P₄ 就绪，执行 P₄，在时刻 20 结束。整个执行作业的次序为 P₁, P₂, P₃, P₅, P₄，如下表所示。

作业号	就绪时刻	服务时间	等待时间	开始时刻	结束时刻	周期时间	带权周转时间
P₁	0	3	0	0	3	3	3/3 = 1.0
P₂	2	6	1	3	9	7	7/6 = 1.17
P₃	4	4	5	9	13	9	9/4 = 2.25
P₅	8	2	5	13	15	7	7/2 = 3.5
P₄	6	5	9	15	20	14	14/5 = 2.8
平均						8.0	2.14

46.【解析】地址转换过程一般是先将逻辑页号取出，然后查找页表，得到页框号，将页框号与页

内偏移量相加,即可获得物理地址,若取不到页框号,则该页不在内存,于是产生缺页中断,开始请求调页。若内存有足够的物理页面,则可以再分配一个新的页面;若没有页面,则必须在现有的页面之中找到一个页,将新的页与之置换,这个页可以是系统中的任意一页,也可以是本进程中的一页,若是系统中的一页,则这种置换方式称为全局置换,若是本进程的页面,则称为局部置换。置换时,为尽可能地减少缺页中断次数,可以有多种算法来应用,本题使用的是改进的 CLOCK 算法,这种算法必须使用页表中的引用位和修改位,由这 2 位组成 4 种级别,没被引用和没修改的页面最先淘汰,没引用但修改了的页面其次,再者淘汰引用了但是没修改的页面,最后淘汰既引用又修改的页面,当页面的引用位和修改位相同时,随机淘汰一页。

1)根据题意,每页 1024 字节,地址又是按字节编址,计算逻辑地址的页号和页内偏移量,合成物理地址如下表所示。

逻辑地址	逻辑页号	页内偏移量	页框号	物理地址
0793	0	793	4	4889
1197	1	173	3	3245
2099	2	51	—	缺页中断
3320	3	248	1	1272
4188	4	92	—	缺页中断
5332	5	212	5	5332

以逻辑地址 0793 为例,逻辑页号为 0793/1024 = 0,在页表中存在,页内偏移量为 0793%1024 = 793,对应的页框号为 4,故物理地址为 4×1024 + 793 = 4889。

2)第 2 页不在内存,产生缺页中断,根据改进 CLOCK 算法,第 3 页为没被引用和没修改的页面,故淘汰。新页面进入,页表修改如下:

逻辑页号	存在位	引用位	修改位	页框号	
0	1	1	0	4	
1	1	1	1	3	
2	0→1	0→1	0	—→1	调入
3	1→0	0	0	1→—	淘汰
4	0	0	0	—	
5	1	0	1	5	

因为页面 2 调入是为了使用,所以页面 2 的引用位必须改为 1。

地址转换变为如下表:

逻辑地址	逻辑页号	页内偏移量	页框号	物理地址
0793	0	793	4	4889
1197	1	173	3	3245
2099	2	51	1	1075
3320	3	248	—	缺页中断
4188	4	92	—	缺页中断
5332	5	212	5	5332

47.【解析】在画出拥塞窗口与传输轮次的曲线后，根据四种拥塞控制算法的特点，以图像的拐点进行分段分析。初始时，拥塞窗口置为 1，即 cwnd = 1，慢开始门限置为 32，即 ssthresh = 32。慢开始阶段，cwnd 初值为 1，以后发送方每收到一个确认 ACK，cwnd 值加 1，也即经过每个传输轮次（RTT），cwnd 呈指数规律增长。当拥塞窗口 cwnd 增长到慢开始门限 ssthresh 时（即当 cwnd = 32 时），就改用拥塞避免算法，cwnd 按线性规律加性增长。当 cwnd = 42 时，收到三个重复的确认，启用快恢复算法，更新 ssthresh 值为 21（即变为超时时 cwnd 值 42 的一半）。cwnd 重置 ssthresh 减半后的值，并执行拥塞避免算法。当 cwnd = 26 时，网络出现拥塞，改用慢开始算法，ssthresh 置为拥塞时窗口值得一半，即 13，cwnd 置为 1。

1）拥塞窗口与传输轮次的关系曲线如下图所示。

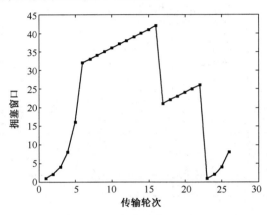

2）慢开始的时间间隔：[1, 6]和[23, 26]。拥塞避免的时间间隔：[6, 16]和[17, 22]。

3）在第 16 轮次之后发送方通过收到三个重复的确认检测到丢失的报文段。在第 22 轮次之后发送方是通过超时检测到丢失的报文段。

4）在第 1 轮次发送时，门限 ssthresh 被设置为 32。

在第 18 轮次发送时，门限 ssthresh 被设置为发生拥塞时的一半，即 21。

在第 24 轮次发送时，门限 ssthresh 是第 22 轮次发生拥塞时的一半，即 13。

5）第 70 报文段在第 7 轮次发送出。

6）拥塞窗口 cwnd 和门限 ssthresh 应设置为 8 的一半，即 4。

全国硕士研究生入学统一考试

计算机科学与技术学科联考

计算机专业基础综合考试模拟试卷（七）参考答案

一、单项选择题（第 1～40 题）

1.	A	2.	A	3.	C	4.	C	5.	D	6.	D	7.	B	8.	C
9.	D	10.	C	11.	C	12.	C	13.	A	14.	D	15.	D	16.	D
17.	C	18.	C	19.	A	20.	C	21.	C	22.	C	23.	A	24.	C
25.	D	26.	D	27.	C	28.	B	29.	C	30.	B	31.	C	32.	A
33.	A	34.	C	35.	C	36.	C	37.	C	38.	B	39.	B	40.	C

01. A。【解析】本题考查时间复杂度。

将算法中基本运算的执行次数的数量级作为时间复杂度。基本运算是"i = i/2;"，设其执行次数为 k，则 $(n \times n)/(2^k) = 1$，得 $k = \log_2 n^2$，因此 $k = \log_2 n^2 = 2 \log_2 n$，即 k 的数量级为 $\log_2 n$，因此时间复杂度为 $O(\log_2 n)$。

02. A。【解析】本题考查出入栈序列和栈深的关系。

由于栈的容量只有 3，因此第一个出栈元素不可能是 5 或 4，先排除选项 C 和选项 D。接下来分析选项 B，1 入栈后出栈，然后 2,3,4,5 依次入栈，5 出栈，才能得到序列 B，但实现这种出栈序列，栈的容量至少为 4，故仅有选项 A 满足。

03. C。【解析】本题考查循环队列。

注意 front 和 rear 的定义，找到队头和队尾元素，循环队列元素 =（队尾 − 队头 + 1 + m)%m，而本题 r = 队尾 + 1，f = 队头，故(r − f + m)%m，也可以将队列为空的情况带入排除法做，故选 C。

04. C。【解析】本题考查 KMP 算法的 nextval 优化。

先根据 i = j = 2 时失配判断出字符的下标应该从 0 开始，因此 next[0]=−1，求出模式串 T 的 nextval 数组。

下标	0	1	2	3	4	5
T	a	a	a	a	b	c
next	−1	0	1	2	3	0
nextval	−1	−1	−1	−1	3	0

j = 2 时 nextval[j] =−1，下次开始比较时，i++，j 从 0 开始，因此 i = 3，j = 0。

05. D。【解析】本题考查二叉树的遍历。

解法 1：对于 I，显然任何遍历都相同。对于 II，根结点无右孩子，此时前序遍历先遍历根结点，中序遍历最后遍历根结点，所以不相同。对于 III，是一棵左单支树，前序遍历和后序遍历的序列相反。对于 IV，所有结点只有右子树的右单支树，前序遍历和中序遍历的序列相同。故选 D。

69

解法 2：若树中某棵子树存在左子树，则中序遍历一定会先遍历左子树才会遍历这颗子树本身，而先序遍历则先遍历这棵本身，所以只要树中某个结点存在左子树便是不符合要求的，所以任何一颗子树都没有左子树的树符合题目要求，那么 I 和 IV 符合要求。

06．D。【解析】本题考查二叉排序树。

分别设 4 个元素值为 1, 2, 3, 4, 构造二叉排序树：在 1 为根时，对应 2, 3, 4 为右子树结点，右子树可有 5 种对应的二叉排序树；在 2 为根时，对应 1 为左子树，3, 4 为右子树结点，可有 2 种二叉排序树；在 3 为根时，1, 2 为左子树结点，4 为右子树结点，可有 2 种二叉排序树；在 4 为根时，1, 2, 3 为左子树结点，对应二叉排序树有 5 种。因此共有 5 + 2 + 2 + 5 = 14 种。

07．B。【解析】本题考查平衡二叉树的性质。

若 a[i]是深度为 i 的平衡二叉树最小结点数，则 a = {0, 1, 2, 4, 7, 12, 20, …}，a[i] = a[i−1]+a[i−2] + 1，所以 a[5] = 12，a[6] = 20，12 < 16 < 20，不满足深度为 6 的最小结点数，所以 16 个结点的平衡树深度最大是 5，选 B。

08．C。【解析】本题考查图的算法。

拓扑排序使用邻接表时是 $O(m + n)$，序列每次选出一个顶点后都要更新该顶点出发的边，而采用邻接矩阵的话，每次都会搜索所有顶点，复杂度变为 $O(n^2)$，邻接表效率更高。广度优先搜索和深度优先搜索使用邻接表相比邻接矩阵每次找下一个待访问结点时都会减少。普里姆算法每次选取顶点以后也要更新该顶点出发的边，所以邻接表操作效率更高。I、II、III、IV 正确，选 C。

09．D。【解析】本题考查折半查找的查找过程。

有序表长 12，依据折半查找的思想，第一次查找第 ⌊(1 + 12)/2⌋ = 6 个元素，即 65；第二次查找第 ⌊[(6 + 1) + 12]/2⌋ = 9 个元素，即 81；第三次查找第 ⌊[7 + (9−1)]/2⌋ = 7 个元素，即 70；第四次查找第 ⌊[(7 + 1) + 8]/2⌋ = 8 个元素，即 75。比较的元素依次为 65, 81, 70, 75。对应的折半查找判定树如下图所示。

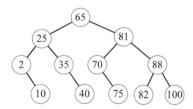

10．C。本题考查堆的调整过程。

堆的调整流程如下图所示，可知 70 最后的位置为 C。

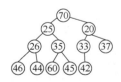 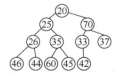 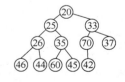 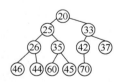

11．C。【解析】本题考查外部排序，如何判断添加虚段的数目。

虚段产生的原因是初始归并段不足以构成严格 m 叉树，需添加长度为 0 的"虚段"。按照 Huffman 原则，权为 0 的叶子应该离树根最远，所以虚段一般都在最后一层，作为叶子结点。设度为 0 的结点有 n_0 个，度为 m 的结点 n_m 个，则对严格 m 叉树，有 $n_0 = (m−1)n_m + 1$，由此得 $n_m = (n_0 − 1)/(m − 1)$。

1）若(n_0−1)%(m−1) = 0，则说明这 n_0 个叶结点（初始归并段）正好可构成严格 m 叉树。

2）若$(n_0-1)\%(m-1)=u>0$，说明这n_0个叶结点中有u个多余，不能包含在m叉归并树中。为构造包含所有n_0个初始归并段的m叉归并树，应在原有n_m个内结点的基础上再增加一个内结点。它在归并树中代替了一个叶结点位置，被代替的叶结点加上刚才多出的u个叶结点，再加上$m-u-1$个虚段，就可以建立严格m叉树，$5-(17\%4)-1=3$，故选 C。

举一个最简单的例子，如下图所示。

12. C。【解析】本题考查计算机的性能指标。

整机的速度是由多个指标综合衡量的，比如整个 CPU 的架构、指令集、高速缓冲等，某个指标的高低并不能完全决定机器的速度，故 A、B 错误。在多道程序的操作系统下，一个用户程序执行过程中，可能会插入运行其他程序，所以观测到用户程序的执行时间要大于其真正的 CPU 执行时间，故 D 错误。在不同的程序中，各类指令所占的比例有可能不同，而不同类型的指令执行时间也是不一样的，比如访存指令执行时间一般会比运算指令花费更多的时间，而就算是运算指令本身，乘法指令也会比加法指令花费更多的时间，因此测得的 CPI 有可能不同，故 C 正确。

13. A。【解析】本题考查无符号数的逻辑移位运算。

A1B6H 作为无符号数，使用逻辑右移，最高位补 0。1010 0001 1011 0110 右移一位得 0101 0000 1101 1011，即 50DBH。

注意：无符号数的移位方式为逻辑移位，不管是左移还是右移，都是添 0。而有符号数的移位操作会因为数字在机器中存储形式（原码、补码等）的不同而进行不同操作。

14. D。【解析】本题考查补码和浮点数运算的特点。

补码定点运算，符号位参与运算，I 显然错误。浮点数由阶码和尾数组成，当浮点数进行运算时，阶码和尾数都要参与，II 正确。进行乘除运算时，阶码显然只进行加减操作，III 正确。浮点数的正负由尾数的符号决定，而阶码决定浮点数的表示范围，当阶码为负数时，浮点数小于 1，IV 错误。浮点数作加减运算时，尾数进行的是加减运算，V 错误。

15. D。【解析】本题考查 ROM 和 RAM 的特点。

CD-ROM 属于光盘存储器，是一种机械式的存储器，和 ROM 有本质的区别，其名字中有 ROM 只是为了突出只读（read only）而已，I 错误。Flash 存储器是 E²PROM 的改进产品，虽然它也可以实现随机存取，但从原理上讲仍属于 ROM，而且 RAM 是易失性存储器，II 错误。SRAM 的读出方式并不是破坏性的，读出后不需再生，III 错误。SRAM 采用双稳态触发器来记忆信息，因此不需要再生；而 DRAM 采用电容存储电荷的原理来存储信息，只能维持很短的时间，因此需要再生，IV 正确。

注意：通常意义上的 ROM 只能读出，不能写入。信息永久保存，属非易失性存储器。ROM 和 RAM 可同作为主存的一部分，构成主存的地址域。ROM 的升级版：EPROM、EEPROM、Flash。

16. D。【解析】本题考查 Cache 和虚拟存储器的特性。

Cache 失效与虚拟存储器失效的处理方法不同，Cache 完全由硬件实现，不涉及软件端；虚拟存储器由硬件和 OS 共同完成，缺页时才会发出缺页中断，故 I 错误、II 正确、III 错误。在虚拟存储器中，虚拟存储器的容量应小于等于主存和辅存的容量之和，故 IV 错误。

注意：虚存的大小要同时满足2个条件：

① 虚存的实际容量≤内存容量和外存容量之和，这是硬件的硬性条件规定的，若虚存的实际容量超过了这个容量，则没有相应的空间来供虚存使用。

② 虚存的最大容量≤计算机的地址位数能容纳的最大容量。假设地址是32位的，按字节编址，一个地址代表1B存储空间，则虚存的最大容量≤4GB（2^{32}B）。这是因为若虚存的最大容量超过4GB，则32位的地址将无法访问全部虚存，也就是说4GB以后的空间被浪费了，相当于没有一样，没有任何意义。

实际虚存的容量是取条件①、②的交集，即两个条件都要满足，仅满足一个条件是不行的。

注意：Cache和虚拟存储器都是基于程序访问的局部性原理，但他们实现的方法和作用均不太相同。Cache是为了解决CPU–主存的速度矛盾，而虚存是为了解决主存容量不足。

17. C。【解析】本题考查各种寻址方式的原理。

由于访问寄存器的速度通常是访问主存的数十倍，因此获取操作数快慢主要取决于寻址方式的访存次数。立即寻址操作数在指令中，不需要任何访问寄存器或内存，取数最快，Ⅰ正确。堆栈寻址可能是硬堆栈（寄存器）或软堆栈（内存），采用软堆栈时比寄存器寻址慢，Ⅱ错误。寄存器一次间接寻址先访问寄存器得到地址，然后再访问主存；而变址寻址访问寄存器IX后，还要将A和(IX)相加（相加需要消耗时间），在根据相加的结果访问，显然后者要慢一点，Ⅲ正确。一次间接寻址需要两次访存，显然慢于变址寻址，Ⅳ正确。

18. C。【解析】本题考查微操作节拍的安排。

安排微操作节拍时应注意：

1) 注意微操作的先后顺序，有些微操作的次序是不容改变的。

2) 不同时请求内部总线的微操作，若能在一个节拍内执行，则应尽可能安排在同一个节拍内。

因此 T_0 节拍可安排微操作 a，T_1 节拍可安排微操作 b 和 c，T_2 节拍可安排微操作 d，总共需要3个节拍周期。故选C。

注：有同学也许会问，T_2 节拍安排微操作 b，T_3 节拍安排微操作 c 和 d 可不可以，一般来说是不可以的，因为很多机器执行 PC+1 这个操作需要通过ALU来进行，也就是说会用到CPU内部总线，而 IR←(MDR) 也会用到内部总线，从而产生冲突，所以不可以。

19. A。【解析】微指令字长为24位，其具体格式如下表所示。

3位	4位	4位	2位	3位	8位
				判断测试字段	下地址字段

操作控制字段　　　　　　　　　　顺序控制字段

因为下地址字段有8位，所以控制存储器的容量为256×24bit。

注意：这里说到外部条件有3个，有的同学可能会觉得3个可以用2位字段来表示，然后地址位就是9位答案就应该是512×24bit，然而这样是不对的，题目并没有说这三个外部条件是互斥的，也就是说这三个外部条件组合起来共有 2^3 = 8 种可能，所以不可能用2位字段来表示。

注意：控制存储器中存放的是微程序，微程序的数量取决于机器指令的条数，与微指令的数量无关。

20. C。【解析】本题考查流水线的数据相关。

在这两条指令中，都对 R_1 进行操作，其中前面对 R_1 写操作，后面对 R_1 读操作，因此发生写后读相关。

数据相关包括 RAW（写后读）、WAW（写后写）、WAR（读后写）。设有 i 和 j 两条指令，i 指令在前，j 指令在后，则三种相关的含义：

- RAW（写后读）：指令 j 试图在指令 i 写入寄存器前就读出该寄存器的内容，这样指令 j 就会错误地读出该寄存器旧的内容。
- WAR（读后写）：指令 j 试图在指令 i 读出该寄存器前就写入该寄存器，这样指令 i 就会错误地读出该寄存器的新内容。
- WAW（写后写）：指令 j 试图在指令 i 写入寄存器前就写入该寄存器，这样两次写的先后次序被颠倒，就会错误地使由指令 i 写入的值称为该寄存器的内容。

21. D。【解析】本题考查总线带宽的计算。
    时钟频率为 20MHz，一个总线周期占两个时钟周期，即总线频率为 10MHz，4B×10MHz = 32bit×10MHz = 320Mbps。

22. C。【解析】本题考查通道的工作原理。
    做题的时候要注意完全并行的"完全"这两个字，对于单 CPU 系统来讲，程序和程序之间是并发的关系，而不是真正意义上的并行，要理解好并发和并行的区别。通道方式是 DMA 方式的进一步发展，通道实际上也是实现 I/O 设备和主存之间直接交换数据的控制器。通道的基本工作过程如下图所示。

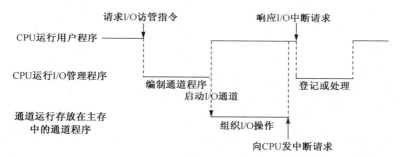

CPU 通过执行 I/O 指令负责启停通道，以及处理来自通道的中断实现对通道的管理，因此通道和程序（即 CPU）并没有完全并行，因为通道仍然需要 CPU 来对它实行管理，B 错误。而在设备工作时，它只与通道交互，此时程序与其并行工作，C 正确。而 A、D 显然错误。

23. A。【解析】本题考查操作系统提供的接口。
    编写程序所使用的是系统调用，如 read( )。系统调用会给用户提供一个简单使用计算机的接口，而将复杂的对硬件（如磁盘）和文件操作（如查找和访问）的细节屏蔽起来，为用户提供一种高效使用计算机的途径。
    注意：操作系统提供的接口有命令接口、程序接口（系统调用）和图形接口（GUI）。

24. C。【解析】本题考查多线程的特点。
    线程最直观的理解就是"轻量级实体"，引入线程后，线程成为 CPU 独立调度的基本单位，进程是资源拥有的基本单位。引入多线程是为了更好的并发执行，键盘属于慢速外设，它无法并发执行（整个系统只有一个键盘），而且键盘采用人工操作，速度很慢，因此完全可以使用一个线程来处理整个系统的键盘输入。符合多线程系统的特长的任务应该符合一个特点，即可以切割成多个互不相干的子操作，由此得知，选项 A 中矩阵的乘法运算相乘得到的矩阵上的每个元素都可以作为一个子操作分割开；选项 B 中 Web 服务器要应对多个用户提出的 HTTP 请求，当然也符合多线程系统的特长；选项 D 已说明不同线程来处理用户的操作。

25. **D**。【解析】本题考查进程和PCB。

    一个进程状态的变化不一定会影响其他进程状态，比如阻塞态进程变为就绪态，就不会影响其他进程状态，A错误。时间片结束会使进程由运行态变为就绪态，B错误。进程是资源分配的基本单位，线程是调度的基本单位，C错误。PCB是进程存在的唯一标志，D正确。

26. **D**。【解析】本题考查系统的安全状态和安全序列。

    当 Available 为(2, 3, 3)时，可以满足 P_4, P_5 中任一进程的需求；这两个进程结束后释放资源，Available 为(7, 4, 11)时可以满足 P_1, P_2, P_3 中任一进程的需求，故该时刻系统处于安全状态，安全序列中只有 D 满足条件。

27. **C**。【解析】本题考查计算机动态分区内存分配算法的计算。

    对于本类题的解答，一定要画出草图来解答。按照题中的各种分配算法，分配的结果如下表所示。

空闲区	100KB	450KB	250KB	300KB	600KB
首次适应算法		212KB 112KB			417KB
邻近适应算法		212KB 112KB			417KB
最佳适应算法		417KB	212KB	112KB	426KB
最坏适应算法		417KB			212KB 112KB

    只有最佳适应算法能够完全完成分配任务。

28. **B**。【解析】本题考查首次适应算法的内存分配。

    作业1、2、3进入主存后，主存的分配情况如图1所示（灰色表示空闲空间）。作业1、3释放后，主存的分配情况如图2所示。作业4、5进入系统后的内存分配情况如图3所示。

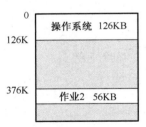

图2

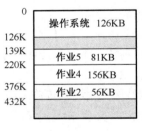

图3

29. **B**。【解析】本题考查虚拟页式存储管理中多级页表的计算。

    由题中所给的条件，虚拟地址空间是 2^{48}，即没有完全使用 64 位地址。页面大小为 2^{13}，即 8KB，则用于分页的地址线的位数为 48-13=35。下面计算每级页表能容纳的最多数量。由题意，每个页面为8KB，每个页表项为8字节，那么一页中能容纳的页表项为 8KB/8B=1K，即 1024 个页表项，可以占用 10 位地址线来寻址，故剩余的 35 位地址线可以分为 35/10 = 3.5，向上取整为 4，因此至少 4 级页表才能完成此虚拟存储的页面映射。

30. **B**。【解析】本题考查文件的打开操作。

    文件控制块是控制一个文件读写和管理文件的基本数据结构，当进程需要使用某个文件时，就会调用 open()来打开文件，打开文件将现存文件的控制管理信息从外存读到内存以便下一步使用，B 正确。文件信息是在打开文件以后，使用文件时才用到的，A 错误。FAT 表信息在挂载文件系统时就读入到系统里了，C 错误。超级块是自举用，启动系统时读入，D 错误。

31．D。【解析】本题考查磁盘调度算法。

SCAN、C-SCAN、LOOK、C-LOOK 算法都是以一个确定的方向移动到两端端点或两端最远的访问点，方向不会随时改变，而最短寻道时间优先算法每次都是往最近的访问点移动，方向有可能随时改变，故选 D。

32．A。【解析】本题考查中断的处理过程。

单级中断系统中，不能产生中断嵌套，为了防止在中断处理时不被干扰，应该保存关中断。不过，不管是在单级中断系统中还是在多级中断系统中，CPU 响应中断后都应首先关中断，不同之处在于中断处理过程中多级中断要开中断，以便实现中断嵌套，而单级中断则不用。因此选 A。

33．A。【解析】本题考查 OSI 参考模型和 TCP/IP 模型的比较。

在 OSI 参考模型中，网络层支持无连接和面向连接的两种方式，传输层仅有面向连接的方式。而 TCP/IP 模型认为可靠性是端到端的问题，因此它在网络层仅支持无连接的方式，但在传输层支持无连接和面向连接的两种方式。

34．C。【解析】本题考查"停止－等待"协议的效率分析。

停止－等待协议每发送完一个分组，需要收到确认后才能发送下一个分组。发送延迟＝ $8×100/(2×1000000) = 0.0004s$，传播延迟 $= 1000m/(20m/ms) = 50ms = 0.05s$，最小间隔 $= 0.0004s + 0.05s×2 = 0.1004s$。故数据速率 $= 8×100bit/0.1004s ≈ 8kbps$。

35．C。【解析】本题考查 CSMA/CD 协议中冲突时间的概念。

以太网端到端的往返时延称为冲突时间。为了确保站点在发送数据的同时能检测到可能存在的冲突，CSMA/CD 总线网中所有数据帧都必须大于一个最小帧长。任何站点收到帧长小于最小帧长的帧，就把它视为无效帧立即丢弃。站点在发送帧后至多经过 $2τ$（争用期）就可以知道所发送的帧是否遭到了碰撞。因此，最小帧长的计算公式为：最小帧长 ＝ 数据传输速率×争用期。而最大帧碎片长度不得超过最小帧长。冲突时间就是能够进行冲突检测的最长时间，它决定了最小帧的长度和最大帧碎片的长度，而最大帧的长度受限于数据链路层的 MTU。

36．C。【解析】本题考查数据报的分片。

MTU 为 980B，则数据部分长度应该为 MTU 长度减去 IP 数据报首部长度，即为 960B（且 960 可以整除 8，符合分片的要求），接收到的 IP 数据报长度为 1500B，数据部分长度为 1480B，则第一个数据报长度即为一个 MTU 长度 980B，第二个数据报长度为 $1480 - 960 + 20 = 540B$。

注意：IP 分片后，IP 数据报片的数据部分的字节数是 8B 的倍数，不要记错。

37．C。【解析】本题考查 MAC 地址和 IP 地址的作用。

因为主机 B 与主机 A 不在一个局域网，所以主机 A 在链路层封装 IP 数据报时，MAC 帧中目的 MAC 地址填写的是网关 MAC 地址，就是 R_1 的 MAC 地址。在该以太网 IP 报头中，目的 IP 地址是 B 的 IP 地址，而且在传输过程中源 IP 地址和目的 IP 地址都不会发生改变。

38．B。【解析】本题考查 CIDR 的子网划分。

目的地址 195.26.17.4 转换为二进制的表达方式为 11000011.00011010.00010001. 00000100。对该 IP 取 20，21，22 位的子网掩码，就可以得到该 IP 所对应的子网：195.26.16.0/20，195.26.16.0/21, 195.26.16.0/22。从而得出该地址可能属于 195.26.16.0/20 的子网。

39．B。【解析】本题考查对 TCP 协议的理解。

TCP 是在不可靠的 IP 层之上实现可靠的数据传输协议，它主要解决传输的可靠、有序、无丢失和不重复的问题，其主要特点是：①TCP 是面向连接的传输层协议。②每条 TCP 连接只能有两个端点，每条 TCP 连接只能是端对端的（进程—进程）。③TCP 提供可靠的交付服务，保证传送的数据无差错、不丢失、不重复且有序。④TCP 提供全双工通信，允许通信双方的应用进程在任何时候都能发送数据，为此 TCP 连接的两端都设有发送缓存和接收缓存。⑤TCP 是面向字节流的，虽然应用程序和 TCP 的交互是一次一个数据块（大小不等），但 TCP 把应用程序交下来的数据视为仅仅是一连串的无结构的字节流。IP 协议是点到点的通信协议（也说是主机—主机），而 TCP 是端到端的协议，故 I 错误；TCP 提供面向连接的可靠数据传输服务，故 II 错误；IP 数据报不是由传输层来组织的，而应该由网络层加上 IP 数据报的首部来形成 IP 数据报，故 III 错误；由以上分析可知 IV 正确。

40. C。【解析】本题考查 TCP 报文段和 IP 数据报。

数据块首先被封装到一个 TCP 报文中（加入 TCP 首部），然后该 TCP 报文被封装到一个 IP 数据报中（加入 IP 头部），一个 TCP 的头部长度是 20 字节，一个 IP 头部的长度是 20 字节，数据部分为 60 字节，数据报的总长度为 20 + 20 + 60 = 100 字节，其中数据占 60%。

二、综合应用题

41.【解析】

1) 该邻接表存储对应的带权有向图如下图所示。

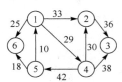

2) 以顶点 V_1 为起点的广度优先搜索的顶点序列依次为 $V_1, V_2, V_4, V_6, V_3, V_5$，对应的生成树如下图所示。

3) 生成树：顶点集合 $V(G) = \{V_1, V_2, V_3, V_4, V_5, V_6\}$，边的集合 $E(G) = \{(V_1, V_2), (V_2, V_3), (V_1, V_4), (V_4, V_5), (V_5, V_6)\}$（图略）。

4) V_1 到 V_3 最短路径为 67：$(V_1 - V_4 - V_3)$。

5) 从 V_1 点开始，第一趟寻找 V_1 和点集$\{V_2, V_3, V_4, V_5, V_6\}$之间的最小权值的边，$(V_5, V_1)$。
第二趟寻找点集$\{V_1, V_5\}$和点集$\{V_2, V_3, V_4, V_6\}$之间的最小权值的边，(V_5, V_6)。
第三趟寻找点集$\{V_1, V_5, V_6\}$和点集$\{V_2, V_3, V_4\}$之间的最小权值的边，(V_1, V_4)。
第四趟寻找点集$\{V_1, V_4, V_5, V_6\}$和点集$\{V_2, V_3\}$之间的最小权值的边，(V_4, V_2)。
第五趟寻找点集$\{V_1, V_2, V_4, V_5, V_6\}$和点集$\{V_3\}$之间的最小权值的边，$(V_2, V_3)$。
所以最小生成树的边集合为$\{(V_5, V_1), (V_5, V_6), (V_1, V_4), (V_4, V_2), (V_2, V_3)\}$（图形略）。

42.【解析】解法1：分治法。

把数组分成两个子数组，其实没有必要拿左边子数组中较小的数字去和右边子数组中较大的数字相减。可以想象，数对之差的最大值只可能是下面三种情况之一：①被减数和减数都在第一个子数组中，即第一个子数组中的数对之差的最大值；②被减数和减数都在第二个子数组中，即第二个子数组中数对之差的最大值；③被减数在第一个子数组中，是第一个子数组的最大值。减数在第二个子数组中，是第二个子数组的最小值。这三个差值的最大者就是整个数组中数对之差的最大值。

在前面提到的三种情况中，得到第一个子数组的最大值和第二子数组的最小值不是一件难事，但如何得到两个子数组中的数对之差的最大值？这其实是原始问题的子问题，可以递归地解决。这种思路的参考代码如下：

```
int MaxDiff_Solution1(int numbers[], unsigned length)
{
  if(numbers==NULL||length<2)
    return 0;
  int max,min;
  return MaxDiffCore(numbers,numbers+length-1,&max,&min);
}
int MaxDiffCore(int* start,int* end,int* max,int* min)
{
  if(end==start)
  {
    *max=*min=*start;
    return 0;
  }
  int* middle=start+(end-start)/2;
  int maxLeft, minLeft;
  int leftDiff=MaxDiffCore(start,middle,&maxLeft,&minLeft);
  int maxRight, minRight;
  int rightDiff=MaxDiffCore(middle+1,end,&maxRight,&minRight);
  int crossDiff=maxLeft-minRight;
  *max=(maxLeft>maxRight)? maxLeft:maxRight;
  *min=(minLeft<minRight)? minLeft:minRight;
  int maxDiff=(leftDiff>rightDiff)? leftDiff:rightDiff;
  maxDiff=(maxDiff>crossDiff)? maxDiff:crossDiff;
  return maxDiff;
}
```

在函数 MaxDiffCore 中，我们先得到第一个子数组中的最大的数对之差 leftDiff，再得到第二个子数组中的最大数对之差 rightDiff。接下来用第一个子数组的最大值减去第二个子数组的最小值得到 crossDiff。这三者的最大值就是整个数组的最大数对之差。

解法 2：动态规划法。

定义 diff[i] 是以数组中第 i 个数字为减数的所有数对之差的最大值。也就是说，对于任意 h（$h < i$），diff[i] $\geqslant$ number[h] $-$ number[i]。diff[i]（$0 \leqslant i < n$）的最大值就是整个数组最大的数对之差。假设已求出 diff[i]，如何求 diff[i + 1]？对于 diff[i]，肯定存在一个 h（$h < i$），满足 number[h] 减去 number[i] 之差是最大的，即 number[h] 应是 number[i] 之前的所有数字的最大值。求 diff[i + 1] 时，需要找到第 i + 1 个数字之前的最大值。第 i + 1 个数字之前的最大值只有两种可能：这个最大值可能是第 i 个数字之前的最大值，也可能是第 i 个数字。第 i + 1 个数字之前的最大值肯定是这两者的较大者。我们只要拿第 i + 1 个数字之前的最大值减去 number[i + 1]，就得到了 diff[i + 1]。

```
int MaxDiff_Solution2(int numbers[],unsigned length)
{
  if(numbers==NULL||length<2)
    return 0;
  int max=numbers[0];                 // 第 i 个数之前的最大值
  int maxDiff=max-numbers[1];         // maxDiff 表示 diff[i-1]
  for(int i=2;i<length;++i)
  {
```

```
            if(numbers[i-1]>max)                    // 第 i 个数和之前的最大值比较
                max=numbers[i-1];
            int currentDiff=max-numbers[i];// currentDiff 表示 diff[i]
            if(currentDiff>maxDiff)
                maxDiff=currentDiff;
        }
        return maxDiff;
    }
```

上述两种解法，虽然思路不同，但时间复杂度都是 $O(n)$ ［第一种解法的时间复杂度可以用递归公式表示为 $T(n) = 2T(n/2) + O(1)$，总体的时间复杂度为 $O(n)$］。

解法 3：暴力法。让每个数字逐个减去它右边的所有数字，并通过比较得到数对之差的最大值。由于每个数字需要和它后面的 $O(n)$ 个数字作减法，因此总的时间复杂度是 $O(n^2)$。

43. 【解析】
    1）主存地址位数应该由最大主存地址空间决定，$4GB = 2^{32}B$，所以至少占 32 位。
    2）因为是直接映射，不分组，主存地址为标记－块号－块内地址。
       $64KB/256B = 256 = 2^8$，块号 8 位（即 cache 行号）。
       $256B = 2^8B$，块内地址 8 位。
       $32 - 8 - 8 = 16$，标记 16 位。
       所以高 16 位标记，中间 8 位行号，低 8 位块内地址。
    3）$100×4B/256B = 2$，数组 A 需要 2 块。
       对物理地址 0x00000800，标记为 0000H，块号为 08H，块内为 00H。
       第一块块号为 8，第二块为 9。
    4）因为是顺序访问，有两个块，一共缺页两次，共访问 100 次（编译时编译器会将多次使用的单个变量提前保存到寄存器中，因此对单个变量的访问无须考虑 Cache 问题）。
       缺页率为 $2/100×100\% = 2\%$。

44. 【解析】下表列出了基本的寻址方式，其中偏移寻址包括变址寻址、基址寻址和相对寻址三种方式。

寻址方式	规则	主要优点	主要缺点
立即寻址	操作数 = A	无须访问存储器	操作数范围受限
寄存器寻址	EA = R	无须访问存储器	寻址空间受限
直接寻址	EA = A	简单	寻址空间受限
间接寻址	EA = (A)	寻址空间大	多次访问主存
寄存器间接寻址	EA = (R)	寻址空间大	多访问一次主存
偏移寻址	EA = (R) + A	灵活	复杂

特别注意相对寻址方式中的 PC 值更新的问题：根据历年统考真题，通常在取出当前指令后立即将 PC 的内容加 1（或加增量），使之变成下条指令的地址。
1）变址寻址时，操作数 $S = ((Rx) + A) = (23A0H + 001AH) = (23BAH) = 1748H$。
2）间接寻址时，操作数 $S = ((A)) = ((001AH)) = (23A0H) = 2600H$。
3）转移指令使用相对寻址，因为指令字长等于存储字长，PC 每取出一条指令后自动加 1，因此转移地址 $= (PC) + 1 + A = 1F05H + 1 + 001AH = 1F20H$。若希望转移到 23A0H，则指令的地址码部分应为 $23A0H - (PC) - 1 = 23A0H - 1F05H - 1 = 049AH$。

45. 【解析】由于不允许两个方向的猴子同时跨越绳索，因此对绳索应该互斥使用。但同一个方向可以允许多只猴子通过，所以临界区可允许多个实例访问。本题的难点在于位于南北方向的猴子具有相同的行为，当一方有猴子在绳索上时，同方向的猴子可继续通过，但此时要防止另一方的猴子跨越绳索。类比经典的读者/写者问题。

信号量设置：对绳索应互斥使用，设置互斥信号量 mutex，初值为 1。但同一个方向可以允许多只猴子通过，所以定义变量 NmonkeyCount 和 SmonkeyCount 分别表示从北向南和从南向北的猴子数量。因为涉及更新 NmonkeyCount 和 SmonkeyCount，所以需要对其进行保护。更新 NmonkeyCount 和 SmonkeyCount 时需要用信号量来保护，所以设置信号量 Nmutex 和 Smutex 来保护 NmonkeyCount 和 SmonkeyCount，初始值都为 1。

```
int SmonkeyCount=0;                    //从南向北攀越绳索的猴子数量
int NmonkeyCount=0;                    //从北向南攀越绳索的猴子数量
semaphore mutex=1;                     //绳索互斥信号量
semaphore Smutex=1;                    //南方向猴子间的互斥信号量
semaphore Nmutex=1;                    //北方向猴子间的互斥信号量
cobegin{
process South_i(i=1,2,3,...){
 while(TRUE){
     p(Smutex);                        //互斥访问 SmonkeyCount
     if(SmonkeyCount==0)               //本方第一个猴子需发出绳索使用请求
         p(mutex);
     SmonkeyCount=SmonkeyCount+1;      //后续猴子可以进来
     v(Smutex);
     Pass the cordage;
     p(Smutex);                        //猴子爬过去后需要更新 SmonkeyCount，互斥
     SmonkeyCount=SmonkeyCount-1;      //更新 SmonkeyCount
     if(SmonkeyCount==0)
                                       //若此时后方已无要通过的猴子，最后一只猴子通
                                       // 过后放开绳索
         v(mutex);
         v(Smutex);
 }
process North_j(j=1,2,3,...)
 while(TRUE){
     p(Nmutex);                        //互斥访问 NmonkeyCount
     if(NmonkeyCount==0)               //本方第一个猴子需发出绳索使用请求
         p(mutex);
     NmonkeyCount=NmonkeyCount+1;      //后续猴子可以进来
     v(Nmutex);
     Pass the cordage;
     p(Nmutex);                        //猴子爬过去后需要更新 NmonkeyCount，互斥
     NmonkeyCount=NmonkeyCount-1;      //更新 NmonkeyCount
     if(NmonkeyCount==0)
                                       //若此时后方已无要通过的猴子，最后一只猴子通
                                       // 过后放开绳索
         v(mutex);
         v(Nmutex);
 }
} coend
```

注意：有的同学注意到了这种算法会导致饥饿，但是题目中只要求实现互斥，并没有对饥饿控制有要求，而且如果还要考虑饥饿，那么必然会导致复杂性大大增加，一般考试是不会出到那么难的。如果实在要考虑，那么可以设一个固定的数值代表一次单项的最大通过量，当一个方向通过那么多猴子以后，看看对方是否要通过，如果有，那么就让出铁锁，如果没有，那么就继续让这个方向的猴子通过。

46.【解析】

1）缺页中断是一种特殊的中断，它与一般中断的区别是：①在指令执行期间产生和处理中断信号。CPU通常在一条指令执行完后检查是否有中断请求，而缺页中断是在指令执行时间，发现所要访问的指令或数据不在内存时产生和处理的；②一条指令在执行期间可能产生多次缺页中断。如一条读取数据的多字节指令，指令本身跨越两个页面，若指令后一部分所在页面和数据所在页面均不在内存，则该指令的执行至少产生两次缺页中断。

2）每个页面大小为100B，则页面的访问顺序如下表所示。

10	11	104	170	73	309	185	245	246	434	458	364
0	0	1	1	0	3	1	2	2	4	4	3

采用FIFO算法的页面置换情况如下表所示，共产生缺页中断6次。

走向	0	0	1	1	0	3	1	2	2	4	4	3
块号1	0	0	1	1	1	3	3	2	2	4	4	3
块号2			0	0		1	1	3	3	2	2	4
淘汰						0		1		3		2
缺页	√		√			√	√	√		√		√

采用LRU算法的页面置换情况如下表所示，共产生缺页中断7次。

走向	0	0	1	1	0	3	1	2	2	4	4	3
块号1	0	0	1	1	0	3	1	2	2	4	4	3
块号2			0	0	1	0	3	1	1	2	2	4
淘汰							1	0		3		1	2
缺页	√		√		√	√	√	√		√		√

3）设可接收的最大缺页中断率为ρ。若要访问页面在内存中，则一次访问的时间是10ms（访问内存页表）+10ms（访问内存）=20ms。若不在内存，则所花时间为10ms（访问内存页表）+25ms（中断处理）+10ms（访问内存页表）+10ms（访问内存）=55ms。平均有效访问时间为20ms×(1−ρ)+55ms×ρ≤22ms，得可接收的最大缺页中断率ρ为5.7%。

47.【解析】 TCP首部的序号字段是用来保证数据能有序提交给应用层，序号是建立在传送的字节流之上；确认号字段是期望收到对方的下一个报文段的数据的第一个字节的序号。

1）第1个报文段的序号是90，说明其传送的数据从字节90开始，第2个报文段的序号是120，说明其传送的数据从字节120开始，即第1个报文段的数据为第90~119号字节，共30字节。同理，可得出第2个报文段的数据为30字节。

2）主机B收到第2个报文段后，期望收到A发送的第3个报文段，第3个报文段的序号字段为150，故发回的确认中的确认号为150。

3）主机B收到第3个报文段后发回的确认中的确认号为200，说明已收到第199号字节，故第3个报文段的数据为第150~199号字节，共50字节。

4）TCP默认使用累计确认，即TCP只确认数据流中至第一个丢失（或未收到）字节为止的字节。题中，第2个报文段丢失，故主机B应发送第2个报文段的序号120。

全国硕士研究生入学统一考试
计算机科学与技术学科联考
计算机专业基础综合考试模拟试卷（八）参考答案

一、单项选择题（第 1～40 题）

1. C	2. C	3. D	4. B	5. B	6. D	7. A	8. C
9. A	10. C	11. D	12. C	13. A	14. A	15. B	16. C
17. B	18. D	19. C	20. B	21. D	22. D	23. B	24. C
25. B	26. B	27. C	28. B	29. D	30. D	31. D	32. C
33. B	34. A	35. B	36. A	37. A	38. D	39. D	40. D

01．C。【解析】本题考查栈的性质。

给定入栈顺序能有多少种出栈顺序？答案是卡特兰数，即 $\frac{1}{n+1}C_{2n}^{n}$。在数据结构的试题中，卡特兰数有两种运用：一种是确定入栈顺序能有多少种出栈顺序，另一种是先序（或中序、后序）确定的二叉树的可能数量。$n=4$，$C_8^4=70$，$\frac{1}{n+1}C_{2n}^{n}=14$，选 C。

02．C。【解析】本题考查出栈序列的合法性。

这类题通常采用手动模拟法。选项 A：6 入，5 入，5 出，4 入，4 出，3 入，3 出，6 出，2 入，1 入，1 出，2 出；选项 B：6 入，5 入，4 入，4 出，5 出，3 入，3 出，2 入，1 入，1 出，2 出，6 出；选项 D：6 入，5 入，4 入，3 入，2 入，2 出，3 出，4 出，1 入，1 出，5 出，6 出；选项 C：无对应的合法出栈顺序。

技巧：对于已入栈且尚未出栈的序列，要保证先入栈的一定不能在后入栈的前面出栈。选项 C 的 6 在 5 前入栈，5 没有出栈，6 却出栈了，不合法，其他选项都符合规律。

03．D。【解析】本题考查循环队列。

注意 front 和 rear 的定义，找到队头和队尾元素，m 为数组长度，对于普通队列来说，队尾 − 队头 + 1 = 队长，对于循环队列，(队尾 − 队头 + 1 + m)%m = 队长，代入可知(26 − front + 1 + 50)%50 = 40，front = 37。

04．B。【解析】本题考查特殊矩阵的存储。

对称矩阵可以存储其下三角，也可以存储其上三角。数组下标从 1 开始，当存储下三角元素时，在 $a_{8,5}$ 的前面有 7 行，第 1 行有 1 个元素，第 2 行有 2 个元素……第 7 行有 7 个元素，这 7 行共有(1 + 7)×7/2 = 28 个元素，在第 8 行中，$a_{8,5}$ 的前面有 4 个元素，所以 $a_{8,5}$ 前面有 28 + 4 = 32 个元素，其地址为 33。当存储上三角元素时，$a_{8,5}$ 对应于 $a_{5,8}$，地址为 38，无此选项，故只可能选 B。

05．B。【解析】本题考查完全二叉树。

树的路径长度是从根结点到树中每个结点的路径长度之和。对于结点数固定为 n，在二叉树每层（除最后一层）上的结点个数都饱和的二叉树（即完全二叉树）的路径长度最短。在结点数目相同的二叉树中，完全二叉树的路径长度最短，最后一层（第 k 层）上的叶结点个数为

$n-(2^{k-1}-1)=n-2^{k-1}+1$。

06. D。【解析】本题考查由遍历序列构造二叉树。

由遍历序列构造二叉树的思想就是找到根结点，然后将序列划分成左、右子树，如此递归地进行下去。前序序列和中序序列、后序序列和中序序列、或中序序列和层序序列可唯一确定一个二叉树。先序序列和层序序列不能唯一的确定一棵二叉树，层序序列第 1 次访问根结点，先序序列为 NLR，虽然能找到根结点，但无法划分左、右子树。

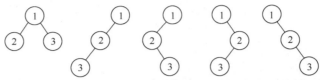

如上图所示的 5 棵不同的二叉树，其对应的先序序列和层序序列是相同的。

07. A。【解析】本题考查二叉排序树的生成。

四个选项生成的二叉排序树如下图所示。

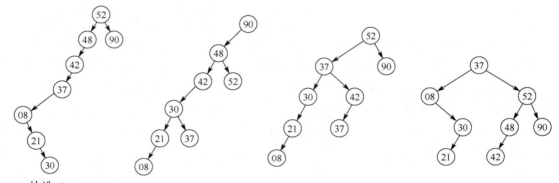

故选 A。

08. C。【解析】本题考查连通图和生成树。

连通图中的生成树必须满足以下条件：包含连通图中所有的顶点；任意两顶点之间有且仅有一条通路。所以 n 个顶点图的生成树边数为 $n-1$。$e-(n-1)=e-n+1$，即删去 $e-n+1$ 条边，故选 C。

09. A。【解析】本题考查图与生成树的关系。

G 的最小生成树的边数为 $n-1$，若最小生成树不唯一，则 G 的边数一定大于 $n-1$，A 正确。在 G 中找到与最小生成树 T 中某条边 e_1 权值相等的边 e_2，加入最小生成树中，则会产生一个环，就可以用 e_2 来代替 e_1，形成一个新的最小生成树 $E_T = T - e_1 + e_2$，这就使最小生成树不唯一，而边的权值在这里是任意的，并不是最小的，B 错误。最小生成树的树形可能不唯一，但代价肯定是相等且是最小的，C 错误。

10. C。【解析】本题考查各种查找表的特点。

分块查找的优点是在表中插入和删除数据元素时，只要找到该元素对应的块，就可以在该块内进行插入和删除运算。由于块内是无序的，故插入和删除比较容易，无须进行大量移动。如果线性表既要快速查找又经常动态变化，则可采用分块查找。

11. D。【解析】本题考查红黑树的性质。

红黑树和 AVL 树查找的时间复杂度都是 $O(\log n)$，但关键字一样时红黑树一般比 AVL 树更高，所以一般红黑树比 AVL 树查找更慢，A 错误。在插入和删除时红黑树比 AVL 树更快，B 错误。AVL 树对于平衡的要求比红黑树更高，C 错误。红黑树和 AVL 树的插入、删除操作的时间复

杂度都是 $O(\log n)$，D 正确。

12. C。【解析】本题考查各种字长的区别与联系。

指令字长通常取存储字长的整数倍，若指令字长等于存储字长的 2 倍，则需要 2 次访存，取指周期等于机器周期的 2 倍，若指令字长等于存储字长，则取指周期等于机器周期，但是存储字长和机器字长没有必然联系，所以不能确定取指周期和机器周期的关系，故 I 错误、II 正确。指令字长取决于操作码的长度、操作数地址的长度和操作数地址的个数，与机器字长没有必然的联系，但为了硬件设计方便，指令字长一般取字节或存储字长的整数倍，故 III 正确。指令字长一般取字节或存储字长的整数倍，故 IV 错误。

注意：指令字长是指指令中包含二进制代码的位数；机器字长是 CPU 一次能处理的数据长度，通常等于内部寄存器的位数；存储字长是一个存储单元存储的二进制代码的位数。

13. A。【解析】本题考查小端方式和基址寻址。

先把补码 FF00H 扩充到 32 位，即 FFFF FF00H。

C000 0000H+FFFF FF00H = (1) BFFF FF00H，所以操作数首地址为 BFFF FF00H，又因为是小端方式，LSB 在低位，LSB 存放在 BFFF FF00H。

14. A。【解析】本题考查 IEEE 754 浮点数格式。

42E48000H = 0/100 0010 1/110 0100 1000 0000 0000 0000B，数符为 0，阶码为 10000101B，对应的真值为 101B + 1 = 6，尾数为 1.11001001（隐 1 位）。所以真值为 1.11001001B×2^6 = 1110010.01B = 114.25。

15. B。【解析】本题考查存储器带宽计算。

每个体在一个存储周期可以提供 64bit，因为是八体低位交叉可并发执行，所以×8，即 64bit×8/(80ns) = 6400Mb/s = 800MB/s。

16. C。【解析】本题考查 Cache 的性能因素。

Cache 的命中率指 CPU 要访问的信息已在 Cache 中的比率。显然与 Cache 的存取速度无关，而选项 A、B、D 与 Cache 的命中率都有一定的关系。

17. B。【解析】本题考查指令的地址码字段。

缓冲存储器（如 Cache）用来存放最近使用的数据，其内容和调度是由硬件或操作系统完成的，因此不能作为指令的地址码，若操作数是从 Cache 调入的，则只有一种可能，即当操作数在内存时，正好 Cache 有它的映像，可以直接从 Cache 调入操作数，但是不能直接指定某个 Cache 为操作数地址。控制存储器采用 ROM 结构，存放的是微程序，它对软件开发人员是透明的，显然不能作为指令的地址码。CPU 不能直接访问外存，若所需的数据存放在外存，则需要先调入主存，而指令中只能使用主存地址。综上所述，操作数可以指定的地位只有数据寄存器和主存。

注意：对于二地址指令，若两个操作数都在寄存器中，则称为 RR 型指令；若一个操作数在寄存器中另一个操作数在存储器中，则称为 RS 型指令；若两个操作数都在存储器中，则称为 SS 型指令。若题目中指明了是 8086 CPU，则不支持 SS 型指令。

18. D。【解析】本题考查运算器的组成。

数据高速缓存是专门存放数据的 Cache，不属于运算器。

注意：运算器应包括算术逻辑单元、暂存寄存器、累加器、通用寄存器组、程序状态字寄存器、移位器等。控制器应包括指令部件、时序部件、微操作信号发生器（控制单元）、中断控制逻辑等，指令部件包括程序计数器（PC）、指令寄存器（IR）和指令译码器（ID）。

19. C。【解析】本题考查流水线的时空图。

_ 83

流水线在开始时需要一段建立时间，结束时需要一段排空时间，设 m 段流水线的各段经过时间均为 Δt，则需要 $T_0 = m\Delta t$ 的时间建立流水线，之后每隔 Δt 就可以流出一条指令，完成 n 个任务共需时间 $T = m\Delta t + (n-1)\Delta t$。具有三个功能段的流水线连续执行 10 条指令共需时间 $= 3 + 9 = 12$。对性质不熟悉的同学也可以画出流水线的时空图来进行观察。

20．D。【解析】本题考查重定位。

在作业运行时，动态重定位执行到一条访存指令时再把逻辑地址转换为主存中的物理地址，实际中是通过硬件地址转换机制实现的。

21．D。【解析】本题考查中断屏蔽字。

中断屏蔽字不受响应优先级影响，而只需考虑处理优先级，处理优先级高的中断屏蔽处理优先级低的中断（包括同级），中断 1 优先级要屏蔽 1、3。

22．D。【解析】本题考察固态硬盘。

固态硬盘是 ROM，可以随机访问，读很快，写的话有可能需要先擦除才能写，所以写的速度会慢很多，A 正确，B 正确。固态硬盘重复写一个块可能会反复擦写同一个块，减少寿命，C 正确。磨损均衡机制是为了尽量使每个块平均磨损，延长固态硬盘的读写寿命，D 错误。

23．B。【解析】本题考查进程的状态与转换。

从运行态到阻塞态的转换是由进程自身决定的，它是由于进程的时间片用完，"主动"调用程序转入就绪态。进程的阻塞和唤醒是由 block 和 wakeup 原语实现的，block 原语是由被阻塞进程自我调用实现的，而 wakeup 原语则是由一个与被唤醒进程相合作或其他相关的进程调用实现的，故 I 和 II 正确。I/O 操作结束不会直接导致一个进程从就绪变为运行，只是当有等待该设备的进程时，I/O 操作结束时会把该进程由阻塞变为就绪，III 错误。一个进程时间片到了以后，将会从运行变为就绪状态，IV 错误。只有当运行中的进程请求某一资源或等待某一事件时，才会转入到阻塞态，因此不可能直接从就绪态转到阻塞态，V 正确。

24．C。【解析】本题考查并发执行的特点。

根据进程的一次执行和并发执行的区别来分析影响进程推进速度的因素。在进程的一次运行过程中其代码的执行序列是确定的，即使有循环、转移、或等待，对于进程来讲，其运行的轨迹也是确定的。当进程存在于一个并发系统中时，这种确定性就被打破了。由于系统中存在大量的可运行的进程，因此操作系统为了提高计算机的效率，会根据用户的需求和系统资源的数量来进行进程调度和切换。此时，进程由于被调度，打破了原来的固执执行速度，因此进程的相对速度就不受进程自己的控制，而是取决于进程调度的策略。

25．B。【解析】本题考查信号量机制的应用。

申请资源用 P 操作，执行完后若 $S < 0$，则表示资源申请完毕，需要等待，$|S|$ 表示等待该资源的进程数；释放资源用 V 操作，当 V 操作后，S 仍然小于等于 0。在某时刻，信号量 S 的值为 0，然后对信号量 S 进行了 3 次 V 操作，即 $S = S + 3$，此时 $S = 3 > 0$，表示没有进程在队列中等待。

注意：之前对 S 进行了 28 次 P 操作和 18 次 V 操作，并不会影响到计算的结果。

26．B。【解析】本题考查银行家算法。

安全性检查一般要用到进程所需的最大资源数，减去进程占用的资源数，得到进程为满足进程运行尚需要的可能最大资源数，而系统拥有的最大资源数减去已分配掉的资源数得到剩余的资源数，比较剩余的资源数是否满足进程运行尚需要的可能最大资源数，就可以得到当前状态是否安全的结论。而满足系统安全的最少资源数并没有这种说法。

27．C。【解析】本题考查非连续分配管理方式。

84

非连续分配允许一个程序分散地装入不相邻的内存分区中。动态分区分配和固定分区分配都属于连续分配方式，而非连续分配有分页式分配、分段式分配和段页式分配三种。

28．C．【解析】本题考查页式存储的相关知识。

关闭了 TLB 之后，每访问一条数据都要先访问页表（内存中），得到物理地址后，再访问一次内存进行相应操作（若是多级页表则会产生更多次访存），I 正确。凡是分区固定的都会产生内部碎片，而无外部碎片，II 错误。页式存储管理不仅对于用户是透明的，对于程序员都是透明的，III 错误。静态重定位是在程序运行之前由装配程序完成的，页式存储不是连续的，而且页式存储管理方案在运行过程中可能改变程序位置，分配的时候会把相邻逻辑地址映射到不同的物理地址，这需要动态重定位的支持，IV 错误。

注意：页式存储是内存管理部分最重要的知识点之一，对于页式存储，无论选择、分析还是计算题，都比较常见。不仅要知道简单的原理和优缺点，更要深入理解页式存储的各方面特点和具体操作处理过程。

29．D．【解析】本题考查内存保护。

在地址变换过程中，可能会因为缺页、操作保护和越界保护而产生中断，首先，当你访问的页内地址超过页长度时就发生了地址越界，而当你访问的页面不在内存当中，就会产生缺页中断，而访问权限错误是当你执行的操作与页表中保护位（比如读写位、用户/系统属性位等）不一致时就会发生的，比如你对一些代码页执行了写操作，而这些代码页是不允许写操作的，所以 I、II、III 正确，但肯定不会发生内存溢出（内容容量不足）的现象，故 IV 错误。

30．D．【解析】本题考查程序的局部性原理。

程序访问的局部性有两种类型：时间和空间局部性。时间局部性是指在相对较小的持续时间内对特定数据和/或资源的重用。空间局部性是指在相对集中的存储位置访问数据。虚拟存储系统利用了这种局部性。试想，如果没有局部性，本次访问调入一块磁盘块，之后的若干次访问和本次访问不会共用一块磁盘，需要频繁换入、换出，反而会增加 I/O 次数，使得大部分实际空耗在磁盘 I/O 上，虚拟存储失去意义，故选 D。

31．D．【解析】本题考查文件系统的多个知识点。

文件系统使用文件名进行管理，也实现了文件名到物理地址的转换，A 错误。在多级目录结构中，从根目录到任何数据文件都只有一条唯一的路径，该路径从树根开始，把全部目录文件名和文件名依次用“/”连接起来，即构成该数据文件的路径名。B 的说法不准确，对文件的访问只需通过路径名即可。文件被划分的物理块的大小是固定的，通常和内存管理中的页面大小一致，C 错误。逻辑记录是文件中按信息在逻辑上的独立含义来划分的信息单位，它是对文件进行存取操作的基本单位，D 正确。

32．C．【解析】本题考查 I/O 和中断。

I/O 设备和 CPU 都可以是中断源，A 错误。对于多级中断系统在处理中断时不能屏蔽其他中断，B 错误。同一用户的不同 I/O 设备当然可用并行工作，比如移动硬盘和鼠标，C 正确。Spooling 是把独占设备改造成共享设备，不属于脱机 I/O 系统，D 错误。

33．B．【解析】本题考查物理层设备。

电磁信号在网络传输媒体中进行传递时会衰减而使信号变得越来越弱，还会由于电磁噪声和干扰使信号发生畸变，因此需要在一定的传输媒体距离中使用中继器，来对传输的数据信号整形放大后再传递。放大器常用于远距离模拟信号的传输，它同时也会使噪声放大，引起失真。网桥用来连接两个网段以扩展物理网络的覆盖范围。路由器是网络层的互联设备，可以实现不同网络的互联。中继器的工作原理是信号再生（不是简单的放大），从而延长网络的长度。

34. A。【解析】本题考查滑动窗口三种协议的原理和实现。
要注意区分它们的特点，停止-等待协议与后退 N 帧协议的接收窗口大小为 1，接收方一次只能接收所期待的帧；选择重传协议的接收窗口一般大于 1，可接收落在窗口内的乱序到达的帧，以提高效率。要使分组一定是按序接收的，接收窗口的大小为 1 才能满足，只有停止-等待协议与后退 N 帧协议的接收窗口大小为 1。

35. B。【解析】本题考查 CSMA 协议的各种监听。
1-坚持 CSMA 和非坚持 CSMA 检测到信道空闲时，都立即发送数据帧，它们之间的区别是：检测到媒体忙时，是持续监听媒体（1-坚持）还是等待一个随机的延迟时间后再监听（非坚持）。p-坚持 CSMA：当检测到媒体空闲时，该站点以概率 p 的可能性发送数据，而有 $1-p$ 的概率会把发送数据帧的任务延迟到下一个时槽，II 错误。

36. A。【解析】本题考查默认路由的配置。
所有的网络都必须使用子网掩码，同时在路由器的路由表中也必须有子网掩码这一栏。一个网络如果不划分子网，那么就使用默认子网掩码。默认子网掩码中 1 的位置和 IP 地址中的网络号字段 net-id 正好相对应。主机地址是一个标准的 A 类地址，其网络地址为 11.0.0.0。选项 I 的网络地址为 11.0.0.0，选项 II 的网络地址为 11.0.0.0，选项 III 的网络地址为 12.0.0.0，选项 IV 的网络地址为 13.0.0.0，因此，和主机在同一网络的是选项 I 和选项 II。

37. A。【解析】本题考查 ARP 协议的过程。
ARP 请求分组是广播发送的，但 ARP 响应分组却是普通的单播，即从一个源地址发送到另一个目的地址。另外注意，没有点播这个概念。
单播、组播、广播的优缺点比较如下。
单播的优点：①服务器及时响应客户机的请求。②服务器针对每个客户不同的请求发送不同的数据，容易实现个性化服务。
单播的缺点：在客户数量大、每个客户机流量大的流媒体应用中服务器不堪重负。
广播的优点：①网络设备简单，维护简单，布网成本低廉。②由于服务器不用向每个客户机单独发送数据，因此服务器流量负载极低。
广播的缺点：①无法针对每个客户的要求和时间及时提供个性化服务。②网络允许服务器提供数据的带宽有限，客户端的最大带宽 = 服务总带宽。③广播禁止在 Internet 宽带网上传输。
组播的优点：①需要相同数据流的客户端加入相同的组共享一条数据流，节省了服务器的负载。具备广播所具备的优点。②由于组播协议是根据接收者的需要对数据流进行复制转发，因此服务端的服务总带宽不受客户接入端带宽的限制。③此协议和单播协议一样允许在 Internet 宽带网上传输。
组播的缺点：与单播协议相比没有纠错机制，发生丢包错包后难以弥补。

38. D。【解析】本题考查 RIP 协议的过程。
对比表 1 和表 2 发现，R_1 到达目的网络 20.0.0.0 的距离为 7，而表 2 中 R_2 到达目的网络 20.0.0.0 的距离为 4。由于 $7>4+1$，此时 R_1 经过 R_2 到达目的网络 20.0.0.0 的路由距离变短了，因此 R_1 要根据 R_2 提供的数据修改相应路由项的距离值为 5。
R_1 到达目的网络 30.0.0.0 的距离为 4，而表 2 中 R_2 到达目的网络 30.0.0.0 的距离为 3。由于 $4=3+1$，显然 R_1 经过 R_2 到达目的网络 30.0.0.0，并不能得到更短的路由距离，因此 R_1 无须进行更新操作，将保持该路由表项原来的参数。
当 R_1 收到 R_2 发送的报文后，按照以下规律更新路由表信息：
① 若 R_1 的路由表没有某项路由记录，则 R_1 在路由表中增加该项，由于要经过 R_2 转发，因此

距离值要在 R_2 提供的距离值基础上加 1。

② 若 R_1 的路由表中的表项路由记录比 R_2 发送的对应项的距离值加 1 还要大，则 R_1 在路由表中修改该项，距离值根据 R_2 提供的值加 1。可见，对于路由器距离值为 0 的直连网络，则无须进行更新操作，其路由距离保持为 0。

39. D。【解析】本题考查 TCP 协议的流量控制方式。

    TCP 协议采用滑动窗口机制来实现流量控制，同时根据接收端给出的接收窗口的数值发送方来调节自己的发送窗口，即使用可变大小的滑动窗口协议。

40. D。【解析】本题考查各种应用层协议。

    TELNET 将主机变成远程服务器的一个虚拟终端；在命令方式下运行时，通过本地计算机传送命令，在远程计算机上运行相应程序，并将相应的运行结果传送到本地计算机显示。

二、综合应用题

41. 【解析】

    1）顺序结构。

    注意：看上去，堆的每个结点都有左子树和右子树，并经常需要与它们交换，但实际上是采用顺序表保存的，有些类似于完全二叉树的顺序表保存，结点编号就是在数组中的位置。

    2）堆的数据结构定义如下：

    ```
    struct Heap {
        ElementType data[Maxsize];    //存储元素的数组
        int size;                      //堆中元素个数
    };
    ```

    其他写法（简单写法）：

    ```
    int data[Maxsize];               //使用 data[0] 来保存堆中元素个数
    ```

    3）堆中元素有 7 个，从第 7/2 = 3 个开始元素为根的子树开始处理，先处理 3 号元素 24，发现比 68 小，交换 24 和 68；然后处理 2 号元素 10，发现比 47 小，交换 10 和 47；再后处理 1 号元素 15，发现比 68 小，15 和 68 交换；因为 3 号元素与 1 号元素交换，破坏了以 3 号元素为根的子树的堆性质，所以再从 3 号元素向下判断，发现 3 号元素 15 比 50 小，交换 15 和 50，此时不需要再向上判断。建堆过程如下图所示。

    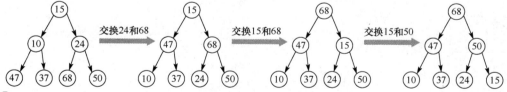

42. 【解析】

    1）算法的基本设计思想。

    解法 1：

    可以使用层次遍历模型，只需在层次遍历上加上记录当前层次的功能。

    没有达到目标层时，把该结点的孩子结点入队列；

    达到目标层时，不再让各个结点的孩子结点入队，而是统计这一层叶子结点的数目即可。

    解法 2：

    可使用一个全局变量专门记录某层叶子结点个数，初始为 0。

然后使用先序遍历，并在遍历的过程中传递结点的层数，若某个结点符合条件，则全局变量自增，直到遍历完成。

2）二叉树存储结构如下：
```
typedef struct BiTNode{
 ElemType data;                          //数据域
 struct BiTNode *lchild,*rchild;         //左、右孩子指针
}BTNode,*BiTree;
```

3）算法的设计如下。

解法1：
```
#define MaxSize 100            //设置队列的最大容量
int LeafKLevel(BTNode *root,int k){
BTNode* q[MaxSize];            //声明队列，end1 为头指针，end2 为尾指针
int end1, end2, sum=0;         //队列最多容纳 MaxSize-1 个元素
end1 = end2 = 0;               //头指针指向队头元素，尾指针指向队尾的后一个元素
int deep = 1;                  //初始化深度
BTNode *lastNode;              //lastNode 用来记录当前层的最后一个结点
BTNode *newlastNode;           //newlastNode 用来记录下一层的最后一个结点
lastNode = root;               //lastNode 初始化为根结点
newlastNode = NULL;            //newlastNode 初始化为空
q[end2++] = root;              //根结点入队
while(end1 != end2){           //层次遍历，若队列不空则循环
  BTNode *t = q[end1++];       //拿出队列中的头一个元素
  if(k==deep){                 //找到特定层，统计叶子结点个数
      while(end1 != end2){
          t = q[end1++];
          if(t->lchild==NULL&&t->rchild==NULL)
              ++sum;
      }
      break;
  }
  else{                        //没到特定层，层次遍历
      if(t->lchild != NULL){   //若非叶子结点把左结点入队
          q[end2++] = t->lchild;
          newlastNode = t->lchild;
          }                    //并设下一层的最后一个结点为该结点的左结点
      if(t->rchild != NULL){   //则处理右结点
          q[end2++] = t->rchild;
          newlastNode = t->rchild;
          }
      if(t == lastNode){       //若该结点为本层最后一个结点，则更新 lastNode
          lastNode = newlastNode;
          deep += 1;           //层数加1
      }
  }
 }
 return sum;                   //返回叶子结点个数
}
```

解法 2：
```
int n;
int LeafKLevel(BiTree root, int k){
n=0;
PreOrder(root, 1, k);
return 0;
}
int PreOrder(BiTree root, int deep, int k){
if(deep<k){
  if(root->lchild != NULL)                    //若左子树不空，则对左子树递归遍历
     PreOrder(root->lchild, deep+1, k);
  if(root->rchild != NULL)                    //若右子树不空，则对右子树递归遍历
     PreOrder(root->rchild, deep+1, k);
}
  else if(deep == k && root->lchild == NULL && root->rchild == NULL)
    ++n;
```

43．【解析】

1）037AH + F895H = FC0FH（因为是正数+负数，所以不溢出）。
FC0FH 取反并加 1 后，为 03F1H = 3×16×16 + 15×16 + 1 = 4×16×16 – 15 = 1024 – 15 = 1009。
所以 R1 的真值为 –1009。

2）F895H 求补得 076BH，037AH + 076BH = 0AE5H。
所以加法器进位 C = 0，减法标志 sub = 1，CF = C $\oplus$ sub = 1。
CF = 1，所以无符号数 R1 溢出。

3）R1: 0 00000 1101111010，阶码为 0 – 15 = –15，R1 = 1.1101111010 × 2^{-15}。
R2: 1 11110 0010010101，阶码为 30 – 15 = 15，R2 = –1.0010010101 × 2^{15}。
对阶来说，R1 底数右移 30 位并舍入，变为 0 × 2^{15}。
R1 – R2 = 1.0010010101 × 2^{15}，不溢出，R2 = –(2^{15} + 2^{12} + 2^9 + 2^7 + 2^5)。

44．【解析】

1）Cache 块数为 512KB/32B = 16K，组数为 16K/4 = 4K = 2^{12}，组号 12 位，块大小 32B，即块内部分 5 位。
标记位 32 – 12 – 5 = 15 位，4 路组相联，所以 LRU 算法替换位是 2 位。
标记位 15 + 有效位 1 + 算法替换位 2 + 修改位 1 位（因为是写回法） = 19 位，Cache 控制部分每行至少 19 位。
主存地址 0001 0010 0011 010**0 0101 0110 011**1 1000，块内为 1 1000，组号为 0010 1011 0011 即 2B3H。

2）因为采取低位交叉方式，且存储器位数*体数 = 总线位数，应采用同时启动方式。
总线周期 = 存储体周期 = 20ns，则总线频率 = 1/(20ns) = 50MHz。
需要 1 个周期传送地址，8 个周期传送数据，因此共需 9×20ns = 180ns。

45．【解析】本题互斥有门的进出，同步有学生人数统计与老师的行动（提醒老师发卷、收卷）。

```
semaphore mutex1=1;      //mutex1 表示门进出的互斥
semaphore mutex2=1;      //mutex2 表示统计学生人数的变量 count 互斥
semaphore ready=0;       //ready 表示学生已到位，老师可以发试卷
semaphore over=0;        //over 表示试卷全部收上来，老师可以封装试卷
semaphore paper=0;       //学生等待老师发试卷
int count=0;
```

```
Students(){
    P(mutex1);
    进入考场
    V(mutex1);
    就坐
    P(mutex2);
    count++;
    if(count==N) V(ready);
    V(mutex2);
    P(paper);
    作答,交卷
    P(mutex2);
    count--;
    if(count==0) V(over);
    V(mutex2);
    V(mutex1);
    出门
    P(mutex1);
}
Teacher(){
    P(ready);
    发试卷
    for (int i=0;i<N;i++) V(paper);
    P(over);
    封装试卷
    P(mutex1);
    走人
    V(mutex1)
}
```

46.【解析】

1) 总块数 $= 2^{42}/1024 = 2^{32}$,要用 32bit = 4B 表示一个块号。索引表项中块号最少占 4B。

2) 1024B/4B = 256 个块。256×1024B = 256KB,最大文件 256KB。

3) 256×256×1024B = 64MB,最大文件 64MB。

47.【解析】

1) 用于单播地址的是 A 类到 C 类,范围分别是:A 类地址 1.0.0.0～126.255.255.255,B 类地址 128.0.0.0～191.255.255.255,C 类地址 192.0.0.0～223.255.255.255,因此这四个子网均属于 B 类地址。

2) 比较这四个子网可以看出,不同之处在于第三个字节,因此可知掩码是 24 位,或者从 130.130.20.0 出发,这代表一个网络,前三个字节是网络号,因此掩码是 24 位。该网络划分子网后,所采用的子网掩码是 255.255.255.0。

3) 两台机器上的网络应用程序不能正常通信,因为在一个以太网上不能使用不同的子网号。在这种配置情况下,IP 软件会试图将 IP 分组送往网关,而不会直接投递。最终 IP 分组将会被该网关丢弃。

4) 广播报文时,同一个链路上的主机都必须接收,而不管其属于哪个网络,而路由器可隔断广播报文,所以只有广播报文才满足题目要求,故 IP 分组的目的地址为 255.255.255.255。

绝密★启用前

全国硕士研究生入学统一考试

计算机科学与技术学科联考

计算机专业基础综合考试模拟试卷(一)

（科目代码：408）

考生注意事项

1. 答题前，考生在试题册指定位置上填写考生编号和考生姓名；在答题卡指定位置上填写报考单位、考生姓名和考生编号，并涂写考生编号信息点。

2. 考生须把试题册上的"试卷条形码"粘贴条取下，粘贴在答题卡的"试卷条形码粘贴位置"框中，不按规定粘贴条形码而影响评卷结果的，责任由考生自负。

3. 选择题的答案必须涂写在答题卡和相应题号的选项上，非选择题的答案必须书写在答题卡指定位置的边框区域内，超出答题区域书写的答案无效；在草稿纸、试题册上答题无效。

4. 填（书）写部分必须使用黑色字迹签字笔书写，字迹工整、笔迹清楚；涂写部分必须使用2B铅笔涂写。

5. 考试结束，将答题卡和试题册按规定交回。

（以下信息考生必须认真填写）

考生编												
考生女												

一、单项选择题

第 01～40 小题，每小题 2 分，共 80 分。下列每题给出的四个选项中，只有一个选项最符合试题要求。

01．现有一块连续空间能用来保存数据，且常需要插入、删除数据，那么最适合使用（　　）。
　　A．单链表　　　　B．静态链表　　　　C．双链表　　　　D．顺序表

02．若循环队列以数组 Q[0...$m-1$] 作为其存储结构，变量 rear 表示循环队列中的队尾元素的实际位置，其移动按 rear = (rear + 1) MOD m 进行，变量 length 表示当前循环队列中的元素个数，则循环队列的队首元素的实际位置是（　　）。
　　A．rear − length
　　B．(rear − length + m) MOD m
　　C．(1 + rear + m − length) MOD m
　　D．(rear + length − 1) MOD m

03．设有一个递归算法如下

```
int X(int n){
    if(n<=3) return 1;
    else return X(n-2)+X(n-4)+1;
}
```

试问计算 $X(X(5))$ 时需要调用（　　）次 X 函数。
　　A．2　　　　　　B．3　　　　　　C．4　　　　　　D．5

04．一棵二叉树中有 24 个叶结点，有 28 个仅有一个孩子的结点，该二叉树的总结点数为（　　）。
　　A．70　　　　　B．73　　　　　C．75　　　　　D．77

05．给定结点个数 n，在下面二叉树中，叶结点个数不能确定的是（　　）。
　　A．满二叉树　　B．完全二叉树　　C．哈夫曼树　　D．二叉排序树

06．如图所示为一棵平衡二叉树（字母不是关键字），在结点 D 的右子树上插入结点 F 后，会导致该平衡二叉树失去平衡，则调整后的平衡二叉树中平衡因子的绝对值为 1 的分支结点数为（　　）。
　　A．0　　　　　B．1　　　　　C．2　　　　　D．3

07．以下关于二叉排序树的说法中，错误的有（　　）个。
　　I．对一棵二叉排序树按前序遍历得出的结点序列是从小到大的序列
　　II．若每个结点的值都比它左孩子结点的值大、比它右孩子结点的值小，则这样的一棵二叉树就是二叉排序树
　　III．在二叉排序树中，新插入的关键字总是处于最底层
　　IV．删除二叉排序树中的一个结点再重新插入，得到的二叉排序树和原来的相同
　　A．1　　　　　B．2　　　　　C．3　　　　　D．4

08．有向图的邻接矩阵 A 如下所示，下列说法中错误的是（　　）。

$$A = \begin{bmatrix} 0 & 1 & 0 & 0 & 0 \\ 0 & 0 & 0 & 1 & 0 \\ 0 & 0 & 0 & 0 & 1 \\ 1 & 0 & 0 & 0 & 0 \\ 0 & 0 & 0 & 1 & 0 \end{bmatrix}$$

　　I．图中没有环　　II．该图强连通分量为 2　　III．拓扑序列存在
　　A．I　　　　　B．I、III　　　　C．II、III　　　　D．I、II、III

09．在一棵含有 n 个关键字的 m 阶 B 树中进行查找，至多读盘（　　）次。
　　A．$\log_2 n$　　　　　　　　　　　B．$1 + \log_2 n$

C. $\log_{\lceil m/2\rceil}((n+1)/2)+1$ D. $\log_{\lceil n/2\rceil}((m+1)/2)+1$

10. 对关键字序列{23, 17, 72, 60, 25, 8, 68, 71, 52}进行堆排序，输出两个最小关键字后的剩余堆是（   ）。

    A. {23, 72, 60, 25, 68, 71, 52}   B. {23, 25, 52, 60, 71, 72, 68}

    C. {71, 25, 23, 52, 60, 72, 68}   D. {23, 25, 68, 52, 60, 72, 71}

11. 若一台计算机具有多个可以并行运行的 CPU，就可以同时执行相互独立的任务，则下列排序算法中，适合并行处理的是（   ）。

    I. 选择排序   II. 快速排序   III. 堆排序

    IV. 基数排序   V. 归并排序   VI. 希尔排序

    A. II、V 和 VI   B. II、III 和 V

    C. II、III、IV 和 V   D. I、II、III、IV 和 V

12. 已知一台时钟频率为 2GHz 的计算机的 CPI 为 1.2。某程序 P 在该计算机上的指令条数为 4×10^9 条。若在该计算机上，程序 P 从开始启动到执行结束所经历的时间是 4s，则运行 P 所用 CPU 时间占整个 CPU 时间的百分比大约是（   ）。

    A. 40%   B. 60%   C. 80%   D. 100%

13. 已知小写英文字母"a"的 ASCII 码值为 61H，现字母"g"被存放在某个存储单元中，若采用偶校验（假设最高位作为校验位），则该存储单元中存放的十六进制数是（   ）。

    A. 66H   B. E6H   C. 67H   D. E7H

14. 在 C 语言中，若有如下定义：

```
int a=5, b=8;
float x=4.2,y=3.4;
```

    则表达式(float)(a + b)/2 + (int)x%(int)y 的值是（   ）。

    A. 7.500000   B. 7   C. 7.000000   D. 8

15. 设浮点数的基数为 4，尾数用原码表示，则以下（   ）是规格化的数。

    A. 1.001101   B. 0.001101   C. 1.011011   D. 0.000010

16. 设某按字节编址的计算机已配有 00000H～07FFFH 的 ROM 区，MAR 为 20 位，现再用 16K×8 位的 RAM 芯片构成剩下的 RAM 区 08000H～FFFFFH，则需要这样的 RAM 芯片（   ）片。

    A. 61   B. 62   C. 63   D. 64

17. 在页面尺寸为 4KB 的页式存储管理中，页表中的内容如下图所示，则物理地址 32773 对应的逻辑地址为（   ）。

虚页号	页框号	有效位	虚页号	页框号	有效位
0	2	1	3	8	1
1	5	1	4	7	1
2	7	0	5	11	1

    A. 32773   B. 42773   C. 12293   D. 62773

18. 一条双字长直接寻址的子程序调用 CALL 指令，其第一个字为操作码和寻址特征，第二个字为地址码 5000H。假设 PC 当前值为 1000H，SP 的内容为 0100H，栈顶内容为 1234H，存储器按字编址，而且进栈操作是先(SP)−1 → SP，后存入数据，则 CALL 指令执行后，SP 及栈顶的内容分别为（   ）。

    A. 00FFH，1000H   B. 0101H，1000H

    C. 00FEH，1002H   D. 00FFH，1002H

19. 在微程序控制器中，微程序的入口地址是由（   ）形成的。

A．机器指令的地址码字段　　　　　　B．微指令的微地址字段
C．机器指令的操作码字段　　　　　　D．微指令的操作码字段

20．在下列各种情况中，最应采用异步传输方式的是（　　）。
A．I/O 接口与打印机交换信息　　　　B．CPU 与主存交换信息
C．CPU 和 PCI 总线交换信息　　　　 D．由统一时序信号控制方式下的设备

21．一个旋转存储设备上的某个磁道共保存 5 个物理块，物理块按顺序依次编号为 1~5，且旋转一周耗时 20ms，假设系统收到以下关于该磁道的 I/O 请求序列：读块 2、读块 5、读块 1、读块 4、读块 3，则在对 I/O 请求优化排序后，完成所有请求需要的时间比未优化情况下平均少花费（　　）。
A．20ms　　　　B．24ms　　　　C．28ms　　　　D．34ms

22．在以下给出的事件中，无须异常处理程序进行处理的是（　　）。
A．除数为 0　　B．地址越界　　C．缺页故障　　D．Cache 缺失

23．在操作系统中，以下过程通常不需要切换到内核态执行的是（　　）。
A．执行 I/O 指令　　　　　　　　　　B．系统调用
C．通用寄存器清零　　　　　　　　　D．修改页表

24．下列关于进程和线程的叙述中，正确的是（　　）。
Ⅰ．一个进程可包含多个线程，各线程共享进程的虚拟地址空间
Ⅱ．一个进程可包含多个线程，各线程共享栈
Ⅲ．当一个多线程进程（采用一对一线程模型）中某个线程被阻塞后，其他线程将继续工作
Ⅳ．当一个多线程进程中某个线程被阻塞后，该阻塞线程将被撤销
A．Ⅰ、Ⅱ、Ⅲ　　B．Ⅰ、Ⅲ　　C．Ⅱ、Ⅲ　　D．Ⅱ、Ⅳ

25．在单处理器系统中，5 个进程同时被创建，CPU 调度程序采用某种调度策略安排这些进程的并发执行。假设这 5 个进程的单独占用 CPU 时的执行时间分别为 2, 4, 6, 8, 10。当这 5 个并发进程全部执行完毕后，它们的最小平均等待时间是（　　）。
A．2　　　　　B．8　　　　　C．6　　　　　D．10

26．设有 n 个进程共用一个相同的程序段，假设每次最多允许 m 个进程（$m \leq n$）同时进入临界区，则信号量 S 的初值为（　　）。
A．m　　　　B．n　　　　C．$m-n$　　　　D．$-m$

27．以下关于用户线程的描述，错误的是（　　）
A．用户线程由线程库进行管理
B．用户线程的创建和调度需要内核的干预
C．操作系统无法直接调度用户线程
D．线程库中线程的切换不会导致进程切换

28．总体上说，"按需调页"（Demand-paging）是一个很好的虚拟内存管理策略。但是，有些程序设计技术并不适合于这种环境。例如，（　　）。
A．堆栈　　　B．线性搜索　　　C．矢量运算　　　D．二分搜索

29．系统为某进程分配了 4 个页框，该进程采用先进先出算法，已访问的页号序列为 2, 0, 2, 9, 3, 4, 2, 8, 2, 4, 8, 4, 5。进程要访问的下一页页号为 7，此时应淘汰页的页号为（　　）。
A．2　　　　　B．3　　　　　C．4　　　　　D．8

30．某文件系统物理结构采用三级索引分配方法，如果每个磁盘块的大小为 1024B，每个盘块索引号占用 4B，请问在该文件系统中，最大的文件长度约为（　　）。
A．16GB　　　B．32GB　　　C．8GB　　　D．以上均不对

31. 通道管理没有涉及的数据结构有（　　）。

    I. 设备控制表　　　　II. 控制器控制表　　　　III. 通道控制表

    IV. 系统设备表　　　　V. 内存分配表

    A. 仅 V　　　　　　　B. IV 和 V　　　　　　C. I 和 II　　　　　　D. I、II 和 III

32. 某操作系统采用双缓冲区传送磁盘上的数据。设一次从磁盘将数据传送到缓冲区所用时间为 T_1，一次将缓冲区中数据传送到用户区所用时间为 T_2（假设 T_2 远小于 T_1、T_3），CPU 处理一次数据所用时间为 T_3，则读入并处理该数据共重复 n 次该过程，系统所用总时间为（　　）。

    A. $n(T_1 + T_2 + T_3)$　　　　　　　　B. $n \max(T_2, T_3) + T_1$

    C. $n \max(T_1, T_3) + T_2$　　　　　　　D. $(n-1)\max(T_1, T_3) + T_1 + T_2 + T_3$

33. 正确描述网络体系结构中的分层概念的是（　　）。

    A. 保持网络灵活且易于修改

    B. 所有的网络体系结构都使用相同的层次名称和功能

    C. 把相关的网络功能组合在一层中

    D. 定义各层的功能以及功能的具体实现

34. 若信道的信号状态数为 4，在信噪比为 30dB 下的极限数据传输速率为 8kbps，则其带宽约为（　　）。

    A. 0.8kHz　　　　　B. 2kHz　　　　　　C. 0.4kHz　　　　　D. 1kHz

35. 一个信道的数据传输速率为 4kbps，单向传播时延是 200ms，要使停止－等待协议有 50% 以上的信道利用率，最小帧长应为（　　）。

    A. 200B　　　　　　B. 300B　　　　　　C. 100B　　　　　　D. 150B

36. 以下协议中，不具备流量控制功能的是（　　）。

    A. 停止－等待协议　B. PPP 协议　　　　C. ARQ 协议　　　　D. 滑动窗口协议

37. 路由器中发现 TTL 值为 0 的分组，将进行（　　）处理，并向源主机返回（　　）的 ICMP 报文。

    A. 返回发送方，源点抑制　　　　　　B. 继续转发，改变路由

    C. 丢弃，时间超过　　　　　　　　　D. 本地提交，终点不可达

38. 某端口的 IP 地址为 172.16.7.131/26，则该 IP 地址所在网络的广播地址为（　　）。

    A. 172.16.7.191　　B. 172.16.7.129　　C. 172.16.7.255　　D. 172.16.7.252

39. 第一次传输时，设 TCP 的拥塞窗口的慢启动门限初始值为 8（单位为报文段），拥塞窗口上升到 12 时，网络发生超时，TCP 开始慢启动和拥塞避免，第 12 次传输时拥塞窗口大小为（　　）。

    A. 5　　　　　　　　B. 6　　　　　　　　C. 7　　　　　　　　D. 8

40. 下列关于客户/服务器模型的描述中，错误的是（　　）。

    I. 客户端和服务器必须都事先知道对方的地址，以提供请求和服务

    II. HTTP 基于客户/服务器模型，客户端和服务器端的默认端口号都是 80

    III. 浏览器显示的内容来自服务器

    IV. 客户端是请求方，即使连接建立后，服务器也不能主动发送数据

    A. I 和 IV　　　　　B. II 和 IV　　　　　C. I、II 和 IV　　　　D. 只有 IV

二、综合应用题

第 41～47 题，共 70 分。

41. （11 分）设记录的关键字（key）集合 $K = \{24, 15, 39, 26, 18, 31, 05, 22\}$，请回答：

    1）依次取 K 中各值，构造一棵二叉排序树（不要求平衡），并写出该树的前序、中序和后序

遍历序列。

2) 设 Hash 表表长 $m = 16$，Hash 函数 $H(key) = (key)\%13$，处理冲突方法为"二次探测法"，请依次取 K 中各值，构造出满足所给条件的 Hash 表；并求出等概率条件下查找成功时的平均查找长度。

3) 将给定的 K 调整成一个堆顶元素取最大值的堆（即大根堆）。

42. （12 分）假设二叉树采用二叉链存储结构存储，设计一个算法，求出根结点到给定某结点之间的路径，要求：
1) 给出算法的基本设计思想。
2) 写出二叉树采用的存储结构代码。
3) 根据设计思想，采用 C 或 C++语言描述算法，关键之处给出注释。

43. （11 分）某 16 位机器所使用的指令格式和寻址方式如下图所示，该机有 4 个 20 位基址寄存器，16 个 16 位通用寄存器（可用做变址寄存器）。指令汇编格式中的 S（源）、D（目标）都是通用寄存器，M 是主存的一个单元。三种指令的操作码分别是 MOV(OP) = (A)$_H$，STA(OP) = (1B)$_H$，LDA(OP) = (3C)$_H$。MOV 是传送指令，STA 为写数指令，LDA 为读数指令。

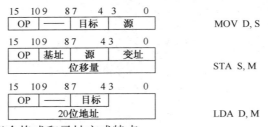

1) 分析三种指令的指令格式和寻址方式特点。
2) 处理机完成哪种操作的时间最短？哪种最长？第二种指令的执行时间有时等于第三种指令的执行时间吗？
3) 下列情况中，每个十六进制指令字分别代表什么操作？若有指令编码不正确，则如何改正才能成为合法指令？
  ① (F0F1)$_H$ (3CD2)$_H$ ② (2856)$_H$ ③ (6DC6)$_H$ ④ (1C2)$_H$

44. （12 分）某高级语言程序中的一个 while 语句为 "while (save[i]==k) i+=1;"，若对其编译时，编译器将 i 和 k 分别分配在寄存器 s3 和 s5 中，数组 save 的基址存放在 s6 中，则生成的 MIPS 汇编代码如下：

```
loop: sll t1,s3,2          //R[t1]←R[s3]<<2
      add t1,t1,s6         //R[t1]←R[t1]+R[s6]
      lw  t0,0(t1)         //R[t0]←M[R[t1]+0]
      bne t0,s5,exit       //if R[t0]≠R[s5] then goto exit
      addi s3,s3,1         //R[s3]←R[s3]+1
      j loop               //goto loop
exit:
```

假设从 loop 处开始的指令序列存放在内存 80000H 处，则上述循环对应的 MIPS 机器码如图所示（图中所有数字都是十六进制）：

	6 位	5 位	5 位	5 位	5 位	6 位
80000	00	00	13	09	02	00
80004	06	09	16	09	00	20
80008	20	09	08	0000		
8000C	05	08	15	0002		
80010	08	13	13	0001		
80014	02	20000				

根据上述叙述，回答下列问题，要求说明理由或给出计算过程。

1）MIPS 的编址单位是多少？数组 save 每个元素占几个字节？

2）为什么指令"sll t1, s3, 2"能实现 4*i 的功能？

3）t0 寄存器编号为多少（即它在指令中的地址码）？

4）指令"j loop"的操作码是什么？（用二进制表示）

5）标号 exit 的值是多少？如何根据指令计算得到？

6）标号 loop 的值是多少？如何根据指令计算得到？

45.（8 分）某机按字节编址，主存容量为 1MB，采用两路组相联方式（每组仅有两块）的 Cache 容量为 64KB，每个数据块为 256B。已知访问开始前第 2 组（组号为 1）的地址阵列内容如下图所示（第一列为组内块号）。Cache 采用 LRU 替换策略。

0	00100 （二进制）
1	01011 （二进制）

1）分别说明主存地址中标记（Tag）、组号和块内地址三部分的位置和位数。

2）若 CPU 要顺序访问地址为 20124H、58100H、60140H 和 60138H 的 4 个主存单元。上述 4 个数能否直接从 Cache 中读取？若能，请给出实际访问的 Cache 地址。第 4 个数访问结束时，上图中的内容将如何变化？

3）若 Cache 完成存取的次数为 5000 次，主存完成存取的次数为 200 次。已知 Cache 存取周期为 40ns，主存存取周期为 160ns，求该 Cache/主存系统的访问效率。（注：默认为 Cache 与主存同时访问。）

46.（7 分）某操作系统的文件系统采用混合索引分配方式，索引结点中包含文件的物理结构数组 iaddr[10]。其中前 7 项 iaddr[0]～iaddr[6]为直接地址，iaddr[7]～iaddr[8]为一次间接地址，iaddr[9] 为二次间接地址。系统盘块的大小为 4KB，磁盘的每个扇区大小也为 4KB。描述磁盘块的数据项需要 4 字节，其中 1 字节标示磁盘分区，3 字节表示物理块。请问：

1）该文件系统支持的单个文件的最大程度是多少？

2）若某文件 A 的索引结点信息已位于内存，但其他信息均在磁盘。现在需要访问文件 A 中第 i 个字节的数据，列出所有可能的磁盘访问次数，并说明原因。

47.（9分）本地主机 A 的一个应用程序使用 TCP 协议与同一局域网内的另一台主机 B 通信。用 Sniffer 工具捕获本机 A 以太网发送和接收的所有通信流量，目前已经得到 8 个 IP 数据报。表 1 以十六进制格式逐字节列出了这些 IP 数据报的全部内容，其中，编号 2、3、6 为主机 A 收到的 IP 数据报，其余为主机 A 发出的 IP 数据报。假定所有数据报的 IP 和 TCP 校验和均是正确的。

表 1　Sniffer 捕获到的 IP 数据报

编号	IP 包的全部内容
1	45 00 00 30　82 fc 40 00　80 06 f5 a5　c0 a8 00 15　c0 a8 00 c0 06 64 31 ba　22 68 b9 90　00 00 00 00　70 02 ff ff　ec e2 00 00 02 04 05 b4　01 01 04 02
2	45 00 00 2f　00 07 40 00　40 01 24 42　c0 a8 00 65　da 20 7b 57 08 00 69 5a　36 6f 00 07　73 48 5b 49　37 5c 04 00　08 09 0a 0b 0c 0d 0e 0f　10 11 12
3	45 00 00 30　00 00 40 00　40 06 b8 a2　c0 a8 00 c0　c0 a8 00 15 31 ba 06 64　5b 9f f7 1c　22 68 b9 91　70 12 20 00　83 45 00 00 02 04 05 b4　01 01 04 02
4	45 00 00 28　82 fd 40 00　80 06 f5 ac　c0 a8 00 15　c0 a8 00 c0 06 64 31 ba　22 68 b9 91　5b 9f f7 1d　50 10 ff ff　c6 d9 00 00
5	45 00 00 38　82 fe 40 00　80 06 f5 9b　c0 a8 00 15　c0 a8 00 c0 06 64 31 ba　22 68 b9 91　5b 9f f7 1d　50 18 ff ff　bc b7 00 00 f8 9f e3 e3　2c 12 c2 89　24 34 6a 13　55 b7 65 59
6	45 00 00 28　3f 28 40 00　40 06 79 82　c0 a8 00 c0　c0 a8 00 15 31 ba 06 64　5b 9f f7 1d　22 68 b9 a1　50 10 20 00　af f9 00 00
7	45 00 00 38　83 0b 40 00　80 06 f5 8e　c0 a8 00 15　c0 a8 00 c0 06 64 31 ba　22 68 b9 a1　5b 9f f7 1d　50 18 ff ff　bc a7 00 00 f8 9f e3 e3　2c 12 c2 89　24 34 6a 13　55 b7 65 59
8	45 00 00 48　83 3e 00 00　80 06 35 4c　c0 a8 00 15　c0 a8 00 c0 06 64 31 ba　22 68 b9 a1　5b 9f f7 1d　50 18 ff ff　b2 8d 00 00 f8 9f e3 e3　2c 12 c2 89　24 34 6a 13　55 b7 65 59　dd 47 2c 3a b1 0c 9a f1　75 1b 4f 75　62 df 03 19

注：IP 分组头结构和 TCP 段头结构分别如图 1、图 2 所示。

协议域为 1、6、17、89 分别对应 ICMP、TCP、UDP、OSPF 协议。

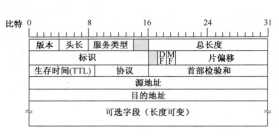

图 1　IP 分组头结构

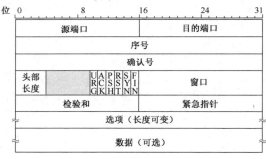

图 2　TCP 段头结构

本题中窗口域描述窗口时使用的计量单位为 1B。请回答下列问题：

1) 表 1 的 IP 分组中，哪几个完成了 TCP 连接建立过程中的三次握手？根据三次握手报文提供的信息，连接建立后，如果 B 发数据给 A，那么首字节的编号是多少？

2) 根据表 1 中的 IP 分组，A 上的应用程序已经请求 TCP 发送的应用层数据的总字节是多少？

3) 如果 8 号 IP 分组之后，B 正确收到了 A 已发出的所有 IP 分组，那么 B 发给 A 的 TCP 报文段中 ack 号应当是多少（十六进制）？如果在 8 号 IP 分组之后，A 上的应用程序请求 TCP 发送新的 65495B 的应用层数据，那么，按 TCP 协议，在 A 未得到 B 的任何确认报文之前，TCP 可以发送到网络中的应用层数据最多是多少字节？

绝密★启用前

全国硕士研究生入学统一考试

计算机科学与技术学科联考

计算机专业基础综合考试模拟试卷(二)

（科目代码：408）

考生注意事项

1. 答题前，考生在试题册指定位置上填写考生编号和考生姓名；在答题卡指定位置上填写报考单位、考生姓名和考生编号，并涂写考生编号信息点。

2. 考生须把试题册上的"试卷条形码"粘贴条取下，粘贴在答题卡的"试卷条形码粘贴位置"框中，不按规定粘贴条形码而影响评卷结果的，责任由考生自负。

3. 选择题的答案必须涂写在答题卡和相应题号的选项上，非选择题的答案必须书写在答题卡指定位置的边框区城内，超出答题区域书写的答案无效；在草稿纸、试题册上答题无效。

4. 填（书）写部分必须使用黑色字迹签字笔书写，字迹工整、笔迹清楚；涂写部分必须使用2B铅笔涂写。

5. 考试结束，将答题卡和试题册按规定交回。

（以下信息考生必须认真填写）

考生编号															
考生姓名															

一、单项选择题

第01~40小题，每小题2分，共80分。下列每题给出的四个选项中，只有一个选项最符合试题要求。

01． 设 n 是描述问题规模的正整数，则下列程序片段的时间复杂度是（　）。
```
y=0;
while(n>=(y+1)*(y+1))
    y++;
```
A．$O(\log_2 n)$　　B．$O(n)$　　C．$O(n\log_2 n)$　　D．$O(\sqrt{n})$

02． 若一个栈的入栈顺序为 1, 2, 3, 4, 5，则不能得到的出栈顺序为（　）。
A．4, 3, 2, 1, 5　　　　　　　　B．3, 2, 5, 1, 4
C．4, 5, 3, 2, 1　　　　　　　　D．3, 4, 2, 5, 1

03． 用链表方式存储的队列（有头尾指针非循环），在进行删除运算时（　）。
A．仅修改头指针　　　　　　　　B．仅修改尾指针
C．头、尾指针都不用修改　　　　D．头、尾指针可能都要修改

04． 在下列遍历算法中，在遍历序列中叶结点之间的次序可能与其他算法不同的算法是（　）。
A．先序遍历算法　　　　　　　　B．中序遍历算法
C．后序遍历算法　　　　　　　　D．层次遍历算法

05． 下列说法中，正确的是（　）。
A．对于有 n 个结点的二叉树，其高度为 $\lceil \log_2 n \rceil$
B．完全二叉树中，若一个结点没有左孩子，则它必是叶结点
C．高度为 h（$h>0$）的完全二叉树对应的森林所含的树的个数一定是 h
D．一棵树中的叶子数一定等于其对应的二叉树的叶子数

06． 一棵树共有 n 个结点，其中所有分支结点的度均为 k，则该树中叶结点的个数为（　）。
A．$n(k-1)/k$　　B．n/k　　C．$(n+1)/k$　　D．$(nk-n+1)/k$

07． 在含有 15 个结点的平衡二叉树上，查找关键字为 28（存在该结点）的结点，则依次比较的关键字有可能是（　）。
A．30, 36
B．38, 48, 28
C．48, 18, 38, 28
D．60, 20, 50, 40, 38, 28

08． 若 G 是一个具有 36 条边的非连通无向简单图，则图 G 的结点数至少是（　）。
A．11　　B．10　　C．9　　D．8

09． 下列可用于表示有向图的存储结构有（　）。
Ⅰ．邻接矩阵　　Ⅱ．邻接表　　Ⅲ．十字链表　　Ⅳ．邻接多重表
A．Ⅰ和Ⅱ　　　　　　　　　　　B．Ⅱ和Ⅳ
C．Ⅰ、Ⅱ和Ⅲ　　　　　　　　　D．Ⅰ、Ⅱ和Ⅳ

10． 对一组数据(84, 47, 15, 21, 25)排序，数据在排序的过程中的变化如下：
1) 84 47 15 21 25；　2) 25 47 15 21 84；　3) 21 25 15 47 84；　4) 15 21 25 47 84
则所采用的排序方法是（　）。
A．堆排序　　　　　　　　　　　B．冒泡排序
C．快速排序　　　　　　　　　　D．插入排序

11． 若对 29 个记录只进行三趟多路平衡归并，则选取的归并路数至少是（　）。
A．2　　B．3　　C．4　　D．5

12. 某工作站采用时钟频率 f 为 15MHz、处理速率为 10MIPS 的处理机来执行一个已知混合程序。假定该混合型程序平均每条指令需要 1 次访存，且每次存储器存取为 1 周期延迟，试问此计算机的有效 CPI 是（　　）。

A. 2.5 　　　　　B. 2 　　　　　C. 1.5 　　　　　D. 1

13. 数据以小端方式存放在存储器中，十六进制数 12345678H 按字节地址从小到大依次为（　　）。

A. 78563412H 　　　　　　　B. 87654321H

C. 12345678H 　　　　　　　D. 21436587H

14. 单精度 IEEE754 标准规格化的 float 类型所能表示的最接近 0 的负数是（　　）。

A. -2^{-126} 　　　　　　　B. $-(2-2^{-23})2^{-126}$

C. $-(2-2^{-23})2^{-127}$ 　　　　　D. -2^{-127}

15. 下列说法中，错误的是（　　）。

I. 虚拟存储器技术提高了计算机的速度

II. 存取时间是指连续两次读操作所需的最小时间间隔

III. Cache 与主存统一编址，Cache 的地址空间是主存地址空间的一部分

IV. 主存都是由易失性的随机读写存储器构成的

A. II 和 III 　　　　　　　B. III 和 IV

C. I、II 和 IV 　　　　　　D. I、II、III 和 IV

16. 某计算机指令字长为 20 位，每个操作数地址码为 8 位，指令为零地址、一地址和二地址三种格式。分别采用定长操作码和扩展操作码方案时，二地址指令最多条数是（　　）。

A. 14 条，15 条 　　　　　　B. 15 条，16 条

C. 16 条，15 条 　　　　　　D. 15 条，14 条

17. 某机器字长为 16 位，内存按字节编址，PC 当前值为 2000H，当读取一条双字长指令后，PC 值是（　　）。

A. 2000H 　　　　B. 200AH 　　　　C. 2004H 　　　　D. 2008H

18. 当微指令采用分段编码时，我们将互斥性微命令（　　）。

A. 放在同一段中 　　　　　　B. 用多级译码来区分

C. 放在不同段中 　　　　　　D. 任意存放

19. 二进制数 1001 0101 符号扩展至 16 位后的值用十六进制表示为（　　）。

A. 0095H 　　　　B. 9500H 　　　　C. FF95H 　　　　D. 95FFH

20. 下列 I/O 方式中，由软件和硬件相结合的方式实现的是（　　）。

I. 程序查询 　　　　II. 程序中断 　　　　III. DMA 　　　　IV. 通道

A. I 和 II 　　　　B. II 和 III 　　　　C. II 和 IV 　　　　D. II、III 和 IV

21. 在系统总线中，地址总线的位数与（　　）相关。

A. 机器字长 　　　　　　　　B. 实际存储单元个数

C. 存储字长 　　　　　　　　D. 存储器地址寄存器

22. 外设发生异常事件或完成特定任务时，一般通过"外部中断"请求 CPU 执行相应的中断服务程序来处理。在以下情况中，（　　）会引起外部中断。

A. 访问内存时缺页 　　　　　B. Cache 没有命中

C. 磁盘寻道结束 　　　　　　D. 运算发生溢出

第 3 页（共 8 页）

23. 多用户系统有必要保证进程的独立性，保证操作系统本身的安全，但为了向用户提供更大的灵活性，应尽可能少地限制用户进程。下面列出的各操作中，（　　）是必须加以保护的。
   A．从内核（kernel）模式转换到用户（user）模式
   B．从存放操作系统内核的空间读取数据
   C．从存放操作系统内核的空间读取指令
   D．打开定时器

24. 进程被成功创建后，该进程的进程控制块将会首先插入（　　）。
   A．就绪队列　　　B．等待队列　　　C．挂起队列　　　D．运行队列

25. 关于优先级大小的论述中，错误的是（　　）。
   I．计算型作业的优先级，应高于 I/O 型作业的优先级
   II．短作业的优先级，应高于长作业的优先级
   III．用户进程的优先级，应高于系统进程的优先级
   IV．资源要求多的作业的优先级应高于对资源要求少的优先级
   A．I 和 IV　　　　　　　　　　B．III 和 IV
   C．I、III 和 IV　　　　　　　　D．I、II、III 和 IV

26. N 个进程共享 M 台打印机（其中 $N > M$），假设每台打印机为临界资源，必须独占使用，则打印机的互斥信号量的取值范围为（　　）。
   A．$-(N-1) \sim M$　　　　　　B．$-(N-M) \sim M$
   C．$-(N-M) \sim 1$　　　　　　D．$-(N-1) \sim 1$

27. 不会产生内部碎片的内存管理方式是（　　）。
   A．页式存储管理　　　　　　　B．段式存储管理
   C．固定分区分配　　　　　　　D．段页式存储管理

28. 下列哪些存储分配方案可能使系统抖动（　　）。
   I．动态分区分配　　II．简单页式　　III．虚拟页式　　IV．简单段页式
   V．简单段式　　　　VI．虚拟段式
   A．I、II 和 V　　B．III 和 IV　　C．只有 III　　D．III 和 VI

29. 下列叙述中错误的是（　　）。
   I．在请求分页存储管理中，若把页面的大小增加一倍，则缺页中断次数会减少一半
   II．分页存储管理方案在逻辑上扩充了主存容量
   III．在分页存储管理中，减少页面大小，可以减少内存的浪费，所以页面越小越好
   IV．一个虚拟存储器，其地址空间的大小等于辅存的容量加上主存的容量
   A．I、III 和 IV　　　　　　　B．II、III 和 IV
   C．III 和 IV　　　　　　　　D．I、II、III 和 IV

30. 磁头当前位于第 100 道，此时正向磁道序号增加的方向移动。现有一个磁道访问请求序列为 55, 58, 39, 18, 90, 160, 150, 38, 184，采用 SCAN 算法得到的磁道访问序列是（　　）。
   A．55, 58, 39, 18, 90, 160, 150, 38, 184
   B．90, 58, 55, 39, 38, 18, 150, 160, 184
   C．150, 160, 184, 90, 58, 55, 39, 38, 18
   D．150, 160, 184, 18, 38, 39, 55, 58, 90

31. 下列关于设备独立性的论述中，正确的是（   ）。

　　A．设备独立性是 I/O 设备具有独立执行 I/O 功能的一种特性

　　B．设备独立性是指用户程序独立于具体使用的物理设备的一种特性

　　C．设备独立性是指独立实现设备共享的一种特性

　　D．设备独立性是指设备驱动独立于具体使用的物理设备的一种特性

32. CPU 输出数据的速度远高于打印机的打印速度，为解决这一矛盾，可采用的技术是（   ）。

　　A．并行技术　　　　　　　　　　　　B．通道技术

　　C．缓冲技术　　　　　　　　　　　　D．虚存技术

33. 在不同网络结点的对等层之间通信需要的是（   ）。

　　A．模块接口　　　　　　　　　　　　B．对等层协议

　　C．服务原语　　　　　　　　　　　　D．电信号

34. 在简单停止－等待协议中，为了解决重复帧的问题，需要采用（   ）。

　　A．帧序号　　　　　　　　　　　　　B．定时器

　　C．ACK 机制　　　　　　　　　　　　D．NAK 机制

35. CSMA 协议可以利用多种监听算法来减小发送冲突的概率。下面关于各种监听算法的描述中，错误的是（   ）。

　　I．非坚持型监听算法有利于减少网络空闲时间

　　II．1-坚持型监听算法有利于减少冲突的概率

　　III．p-坚持型监听算法无法减少网络的空闲时间

　　IV．1-坚持型监听算法能够及时抢占信道

　　A．I、II 和 III　　　　　　　　　　　B．II 和 III

　　C．I、II 和 IV　　　　　　　　　　　D．II 和 IV

36. 某同学在校园网访问因特网，从该同学打开计算机电源到使用命令 ftp202.38.70.25 连通文件服务器的过程中，（   ）协议可能没有使用到。

　　A．IP　　　　　　　　　　　　　　　B．ICMP

　　C．ARP　　　　　　　　　　　　　　D．DHCP

37. 一个长度为 3000 字节的 UDP 数据报。在数据链路层使用以太网来进行传输，为了正确传输，则需要将其拆分成（   ）个 IP 数据片。

　　A．2　　　　　　　B．3　　　　　　　C．4　　　　　　　D．不拆分

38. 若子网掩码是 255.255.192.0，则下列主机必须通过路由器才能与主机 129.23.144.16 通信的是（   ）。

　　A．129.23.191.21　　　　　　　　　　B．129.23.127.222

　　C．129.23.130.33　　　　　　　　　　D．129.23.148.127

39. 在基于 TCP/IP 模型的分组交换网络中，每个分组都可能走不同的路径，所以在分组到达目的主机后应该重新排序；又由于不同类型的物理网络的 MTU 不同，因此一个分组在传输的过程中也可能需要分段，这些分段在到达目的主机后也必须重组。对于分组的排序和分段的重组，下列说法正确的是（   ）。

　　A．排序和重组工作都由网络层完成

　　B．排序和重组工作都由传输层完成

　　C．排序工作由网络层完成，而重组工作由传输层完成

　　D．排序工作由传输层完成，而重组工作由网络层完成

40．UDP 协议和 TCP 协议报文首部的非共同字段有（　　）。
　　A．源端口　　　　　　　　　　　B．目的端口
　　C．序列号　　　　　　　　　　　D．校验和

二、综合应用题

第 41～47 题，共 70 分。

41．（10 分）如下图所示：

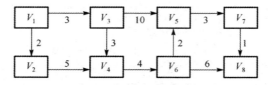

1) 写出该图的邻接矩阵。
2) 写出全部拓扑序列。
3) 以 V_1 为源点，以 V_8 为终点，给出所有事件（和活动）允许发生的最早时间和最晚时间，并给出关键路径。
4) 求 V_1 结点到各点的最短路径和距离。

42．（13 分）设有 n 个不全为负的整型元素存储在一维数组 A[n]中，它包含很多连续的子数组，例如数组 A ={1, -2, 3, 10, -4, 7, 2, -5}，请设计一个时间上尽可能高效的算法，求出数组 A 的子数组之和的最大值（例如数组 A 的最大的子数组为{3, 10, -4, 7, 2}，因此输出为该子数组的和 18）。要求：
1) 给出算法的基本设计思想。
2) 根据设计思想，采用 C 或 C++语言描述算法，关键之处给出注释。
3) 说明你所设计算法的时间复杂度和空间复杂度。

43．（14 分）在下图的处理机逻辑框图中，有两条独立的总线和两个独立的存储器。已知指令存储器 IM 最大容量为 16384 字（字长 18 位），数据存储器 DM 最大容量为 65536 字（字长 16 位）。各寄存器均有"打入"（R_{in}）和"送出"（R_{out}）控制命令，但图中未标出。
1) 请指出下列各寄存器的位数：程序计数器 PC、指令寄存器 IR、累加器 AC_0 和 AC_1、通用寄存器 R_0～R_7、指令存储器地址寄存器 IAR、指令存储器数据寄存器 IDR、数据存储器地址寄存器 DAR、数据存储器数据寄存器 DDR。
2) 设处理机的指令格式为

17　　　　　　　　　10　9　　　　　　　　　　　　0
OP　　　　　　　　　　　　X

加法指令可写为"ADD　X(R_1)"，其功能是(AC_0) + ((R_i) + X)→AC_1，其中((R_i) + X)部分通过寻址方式指向数据存储器，现取 R_i 为 R_1。试画出 ADD 指令从取指令开始到执行结束的操作序列图，写明基本操作步骤和相应的微操作控制信号（假设 PC + 1→PC 有专门的部件和信号控制）。

第 6 页（共 8 页）

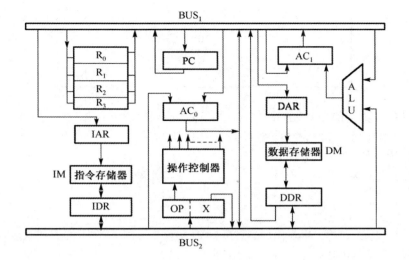

44.（9分）设有一个 CPU 的指令执行部件如下图所示，由 Cache 每隔 100ns 提供 1 条指令（注：B_1、B_2 和 B_3 是三个相同的并行部件）。

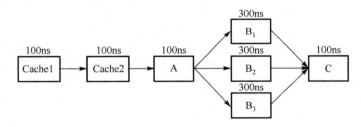

1）画出该指令流水线功能段的时空图。
2）试计算流水线执行这 4 条指令的实际吞吐率和效率。

45.（7分）在一间酒吧里有 3 个音乐爱好者队列，第 1 队的音乐爱好者只有随身听，第 2 队只有音乐磁带，第 3 队只有电池。而要听音乐就必须随身听、音乐磁带和电池这三种物品俱全。酒吧老板一次出售这 3 种物品中的任意两种。当一名音乐爱好者得到这 3 种物品并听完一首乐曲后，酒吧老板才能再一次出售这 3 种物品中的任意两种。于是第 2 名音乐爱好者得到这 3 种物品，并开始听乐曲。全部买卖就这样进行下去。试用 P、V 操作正确解决这一买卖。

46.（8分）带有快表的内存管理系统采用请求分页管理，先访问快表，若快表缺失再访问页表，页面大小为 4KB，访问一次内存的时间为 120ns，访问一次快表的时间为 10ns，完成一次缺页中断处理的时间为 100ms。进程的驻留集大小固定为 2，产生缺页中断时用 LRU 算法置换页面，某时刻快表为空，某进程对应页表如下：

页号	页框号	有效位
0	221H	1
1	—	0
2	242H	1

请回答：
1）依次访问虚拟地址序列 20A0H、17B5H、25EAH 所需的时间。
2）上述访问完成后，重新画出该进程对应的页表。
3）页表还缺少什么？
4）虚拟地址 25EAH 的物理地址。

47.（9分）设 A、B 两站相距 4km，使用 CSMA/CD 协议，信号在网络上的传播速度为 200000km/s，两站发送速率为 100Mbps，A 站先发送数据，如果发生碰撞，那么：
1）最先发送数据的 A 站最晚经过多长时间才检测到发生了碰撞？最快又是多少？
2）检测到碰撞后，A 站已发送数据长度的范围是多少（设 A 要发送的帧足够长）？
3）若距离减少到 2km，为了保证网络正常工作，则最小帧长度是多少？
4）若发送速率提高，最小帧长不变，为了保证网络正常工作应采取什么解决方案？

绝密★启用前

全国硕士研究生入学统一考试

计算机科学与技术学科联考

计算机专业基础综合考试模拟试卷(三)

（科目代码：408）

考生注意事项

1. 答题前，考生在试题册指定位置上填写考生编号和考生姓名；在答题卡指定位置上填写报考单位、考生姓名和考生编号，并涂写考生编号信息点。

2. 考生须把试题册上的"试卷条形码"粘贴条取下，粘贴在答题卡的"试卷条形码粘贴位置"框中，不按规定粘贴条形码而影响评卷结果的，责任由考生自负。

3. 选择题的答案必须涂写在答题卡和相应题号的选项上，非选择题的答案必须书写在答题卡指定位置的边框区城内，超出答题区域书写的答案无效；在草稿纸、试题册上答题无效。

4. 填（书）写部分必须使用黑色字迹签字笔书写，字迹工整、笔迹清楚；涂写部分必须使用2B 铅笔涂写。

5. 考试结束，将答题卡和试题册按规定交回。

（以下信息考生必须认真填写）

考生编号															
考生姓名															

一、单项选择题

第 01~40 小题，每小题 2 分，共 80 分。下列每题给出的四个选项中，只有一个选项最符合试题要求。

01． 执行算法 suanfa2(1000)后，输出的结果是（   ）。
```
void suanfa2(int n){
    int i=1;
    while(i<=n)  i*=2;
    printf("%d", i);
}
```
  A．2000   B．512   C．1024   D．2^{1000}

02． 将 5 个字母"ooops"按顺序进栈，则有（   ）种不同的出栈顺序仍然可以得到"ooops"。
  A．1   B．3   C．5   D．6

03． 将中缀表达式转换为等价的后缀表达式的过程中要利用堆栈保存运算符。对于中缀表达式 $A-(B+C/D)\times E$，当扫描读到操作数 E 时，堆栈中保存的运算符依次是（   ）。
  A．$-\times$ B．$-(\times$ C．$-+$ D．$-(+$

04． 已知 $A[1…N]$ 是一棵顺序存储的完全二叉树，9 号结点和 11 号结点共同的祖先是（   ）。
  A．4   B．6   C．2   D．8

05． 下列关于完全二叉树的说法，正确的是（   ）。
  I．满二叉树是完全二叉树
  II．i 号结点的父结点为 $i/2$（结点从 1 开始编号）
  III．第 k 层的非叶结点数为 2^{k-1}
  IV．二叉排序树是完全二叉树
  A．I、II   B．II、III、IV   C．II   D．I、II、III

06． 在下列二叉树中，（   ）的所有非叶结点的度均为 2。
  I．完全二叉树 II．满二叉树 III．平衡二叉树 IV．哈夫曼树 V．二叉排序树
  A．II 和 IV   B．I 和 III   C．II、IV 和 V   D．II、III 和 IV

07． 如下图所示，若从顶点 A 出发进行遍历，则下列序列中既不是深度优先遍历又不是广度优先遍历的序列为（   ）。

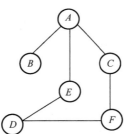

  A．A, B, C, E, F, D B．A, B, E, C, D, F
  C．A, E, D, F, C, B D．A, E, D, C, B, F

08． 已知有向图 $G = (V, E)$，其中 $V = \{1, 2, 3, 4, 5, 6, 7\}$，$E = \{<1, 2>, <1, 3>, <1, 4>, <2, 5>, <3, 5>, <3, 6>, <4, 6>, <5, 7>, <6, 7>\}$，$G$ 的拓扑序列是（   ）。
  A．1, 3, 4, 6, 2, 5, 7   B．1, 3, 2, 6, 4, 5, 7
  C．1, 3, 4, 5, 2, 6, 7   D．1, 2, 5, 3, 4, 6, 7

09． 在关键字随机分布的情况下，用二分查找树的方法进行查找，其平均查找长度与（   ）量级相当。
  A．顺序查找   B．折半查找   C．分块查找   D．散列查找

10. 从二叉树的任一结点出发到根的路径上,所经过的结点序列必按其关键字降序排列的是(　　)。

    A．二叉排序树　　　　B．大顶堆　　　　C．小顶堆　　　　D．平衡二叉树

11. 已知待排序的 n 个元素可分为 n/k 组,每组包含 k 个元素,且任一组内的各元素均分别大于前一组内的所有元素且小于后一组内的所有元素,若采用基于比较的排序,其时间下界应为(　　)。

    A．$O(n\log_2 n)$　　　B．$O(n\log_2 k)$　　　C．$O(k\log_2 n)$　　　D．$O(k\log_2 k)$

12. 对汇编语言程序员来说,以下部件中不透明的是(　　)。

    I．指令缓冲器　II．移位器　III．通用寄存器　IV．中断字寄存器　V．乘法器
    VI．先行进位链

    A．I、II 和 III　　　B．IV、V 和 VI　　　C．III 和 IV　　　D．I、II、V 和 VI

13. 在补码表示的机器中,若寄存器 R 中原来存的数为 9EH,执行一条指令后现存的数为 CFH,则表明该指令不可能是(　　)。

    A．XOR 异或运算指令　　　　　　　B．IMUL 有符号数乘法指令

    C．SAR 算术右移指令　　　　　　　D．ADD 加法指令

14. 某计算机采用小端方式存储,减法指令 "sub ax, imm" 的功能为(ax)−imm -> ax。imm 表示立即数,该指令对应的机器码为 2DXXXX,其中 XXXX 对应 imm 的机器码,如果 imm=−3,(ax)=7,则该指令对应的机器码和执行后 SF 标志位的值分别为(　　)。

    A．2DFFFD, 0　　　B．2DFFFD, 1　　　C．2DFDFF, 0　　　D．2DFDFF, 1

15. 假定主存地址位数为 32 位,按字节编址,主存和 Cache 之间采用全相联映射方式,主存块大小为 1 个字,每个字 32 位,采用回写(Write Back)方式和随机替换策略,则能存放 32K 字数据的 Cache 的总容量至少应有(　　)位。

    A．1536K　　　B．1568K　　　C．2016K　　　D．2048K

16. 某虚拟存储系统采用页式存储管理,只有 a、b 和 c 三个页框,页面访问的顺序为 0, 1, 2, 4, 2, 3, 0, 2, 1, 3, 2, 3, 0, 1, 4。若采用 FIFO 置换算法,则命中率为(　　)。

    A．20%　　　B．26.7%　　　C．15%　　　D．50%

17. 在运算类的零地址指令中,它的操作数来自(　　)。

    A．暂存器和总线　　B．寄存器　　　C．暂存器和 ALU　　D．栈顶和次栈顶

18. 下列几项中,不符合 RISC 指令系统特征的是(　　)。

    A．控制器多采用微程序控制方式,以期更快的设计速度

    B．指令格式简单,不同指令数目少

    C．寻址方式少且简单

    D．所有指令的平均执行时间约为一个时钟周期

19. 假定不采用 Cache 和指令预取技术,且机器处于开中断状态,则在下列有关指令的叙述中,错误的是(　　)。

    A．每个指令周期中 CPU 都至少访问内存一次

    B．每个指令周期一定大于或等于一个 CPU 时钟周期

    C．空操作指令的指令周期中任何寄存器的内容都不会改变

    D．当前程序在每条指令执行结束时都可能被外部中断打断

20. 下面是一段指令序列:

```
add eax, 20      //eax ← eax + 20
shl ecx, 1       //ecx ← ecx << 1
mov edx, ecx     //edx ← ecx
```

以上指令序列中，第三条指令发生数据相关。假定采用"取指、译码/取数、执行、访存、写回"这种五段流水线方式。假定不采用"转发"，那么为了使这段程序的执行不被阻塞，需要在第三条指令前加入（　　）条 nop 指令（空操作）。

  A．1   B．2   C．3   D．4

21．下列说法中，错误的是（　　）。
  I．在中断响应周期，置"0"允许中断触发器是由关中断指令完成的。
  II．中断服务程序的最后一条指令是无条件转移指令
  III．CPU 通过中断来实现对通道的控制
  IV．程序中断和通道方式都是由软件和硬件结合实现的 I/O 方式
  A．II 和 III 和 IV   B．III 和 IV
  C．I、II 和 III   D．I、III 和 IV

22．假设磁盘采用 DMA 方式与主机交换信息，其数据传输率为 8Mbps，平均传输的数据块大小为 4KB，若忽略预处理时间，则该磁盘机向 CPU 发出中断请求的间隔时间最少是（　　）。
  A．500μs B．512μs C．4000μs D．4096μs

23．以下不是多道程序系统特性的是（　　）。
  A．并发 B．异步 C．共享 D．封闭性

24．在下述关于父进程和子进程的叙述中，正确的是（　　）。
  A．撤销父进程时，一定会同时撤销子进程
  B．父进程和子进程可以并发执行
  C．撤销子进程时，一定会同时撤销父进程
  D．父进程创建了子进程，因此父进程执行完后，子进程才能执行

25．系统中有 n（$n>2$）个进程，并且当前没有执行进程调度程序，则（　　）不可能发生。
  A．有一个运行进程，没有就绪进程，剩下的 $n-1$ 个进程处于等待状态
  B．有一个运行进程和 $n-1$ 个就绪进程，但没有进程处于等待状态
  C．有一个运行进程和 1 个就绪进程，剩下的 $n-2$ 个进程处于等待状态
  D．没有运行进程但有 2 个就绪进程，剩下的 $n-2$ 个进程处于等待状态

26．下列不属于进程间通信机制的是（　　）。
  A．虚拟文件系统 B．消息传递 C．信号量 D．管道

27．利用死锁定理简化下列进程资源图，则处于死锁状态的是（　　）。

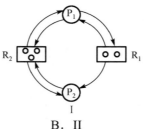

  A．I B．II C．I 和 II D．都不处于死锁状态

28．在可变分区存储管理中，为实现地址映射，硬件应提供两个寄存器，一个是基址寄存器，另一个是（　　）。
  A．控制寄存器 B．程序状态寄存器 C．限长寄存器 D．通用寄存器

29．在一个请求分页系统中，采用 LRU 页面置换算法时，假如一个作业的页面走向为 1，3，2，1，1，3，5，1，3，2，1，5。当分配给该作业的物理块数分别为 3 和 4 时，则在访问过程中所发生的缺页

率分别为（ ）。

    A．50%、33%   B．25%、100%   C．25%、33%   D．50%、75%

30．现代操作系统中，文件系统都有效地解决了文件重名（即允许不同用户的文件可以具有相同的文件名）问题，系统是通过（ ）来实现这一功能的。

    A．重名翻译机构   B．建立索引表   C．树形目录结构   D．建立指针

31．下列方法不能直接提高文件系统的性能的是（ ）。

    A．尽量降低磁盘块大小

    B．定期对磁盘进行碎片整理

    C．提前将可能访问的磁盘块加载到内存中

    D．在内存中将磁盘块缓存

32．下列 I/O 方式中，会导致用户进程进入阻塞状态的是（ ）。

    I．程序直接控制   II．中断方式   III．DMA 方式

    A．I、II   B．I、III   C．II、III   D．I、II、III

33．对于可靠服务和不可靠服务，正确的理解是（ ）。

    A．可靠服务是通过高质量的连接线路来保证数据可靠传输的

    B．如果网络本身是不可靠的，那么用户只能尝试使用而无更好的办法

    C．可靠性是相对的，不可能完全保证数据准确传输到目的地

    D．对于不可靠的网络，可以通过应用或用户来保障数据传输的正确性

34．设待传送数据总长度为 L 位，分组长度为 P 位，其中头部开销长度为 H 位，源结点到目的结点之间的链路数为 h，每个链路上的延迟时间为 D 秒，数据传输率为 B bps，电路交换建立连接的时间为 S 秒，则电路交换方式传送完所有数据需要的时间是（ ）秒。

    A．$hD + L/B$ B．$S + hD + L/B$

    C．$S + hD + PL/((P-H)B)$ D．$S + L/B$

35．若数据链路采用 GBN 协议，发送窗口尺寸 WT = 4，则在发送 3 号帧，并接到 2 号帧的确认帧后，发送方还可以连续发送的帧数是（ ）。

    A．2 帧   B．3 帧   C．4 帧   D．1 帧

36．考虑建立一个 CSMA/CD 网，电缆长度为 1km，不使用中继器，传输速率为 1Gbps，电缆中信号的传播速率是 200000km/s，则该网络中最小帧长是（ ）。

    A．10000bit   B．1000bit   C．5000bit   D．20000bit

37．在某个子网中给四台主机分配 IP 地址（子网掩码均为 255.255.255.224），其中一台因 IP 地址分配不当而存在通信故障。这一台主机的 IP 地址是（ ）。

    A．200.10.1.60   B．200.10.1.65   C．200.10.1.70   D．200.10.1.75

38．某路由器的路由表如下所示。如果它收到一个目的地址为 192.168.10.23 的 IP 数据报，那么它为该数据报选择的下一路由器地址为（ ）。

要达到的网络	下一路由器
192.168.1.0	直接投递
192.168.2.0	直接投递
192.168.3.0	192.168.1.35
0.0.0.0	192.168.2.66

    A．192.168.1.35   B．192.168.2.66   C．直接投递   D．丢弃

39．一个 TCP 连接使用 256kbps 的链路，其端到端延时为 128ms，经测试发现吞吐量只有 128kbps，

忽略数据封装的开销及接收方应答分组的发射时间，可以计算出窗口大小为（   ）。

    A．1024B   B．8192B   C．10KB   D．128KB

40． 下列技术中可以最有效地降低访问 WWW 服务器的时延的是（   ）。

    A．高速传输线路   B．高性能 WWW 服务器

    C．WWW 高速缓存   D．本地域名服务器

二、综合应用题

第 41～47 题，共 70 分。

41．（10 分）请回答下列问题：

    1）试证明若图中各条边的权值各不相同，则它的最小生成树唯一。

    2）Prim 算法和 Kruskal 算法生成的最小生成树一定相同吗？

    3）画出下列带权图 G 的所有最小生成树。

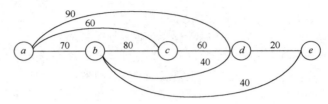

42．（13 分）将一个数组最开始的若干元素搬到数组的末尾，称之为数组的旋转。输入一个已排好序数组的一个旋转，求该旋转数组的最小元素。如，数组{3, 4, 5, 1, 2}为有序数组{1, 2, 3, 4, 5}的一个旋转数组，该数组的最小值为 1。

    1）给出算法的基本设计思想。

    2）根据设计思想，采用 C 或 C++语言描述算法，关键之处给出注释。

    3）说明你所设计算法的时间复杂度和空间复杂度。

43．（11 分）以下是计算两个向量点积的程序段：

```
float Dotproduct(float x[8],float y[8]){
    float sum=0.0;
    int i;
    for(i=0;i<8;i++)
        sum+=x[i]*y[i];
    return sum;
}
```

请回答下列问题：

    1）请分析访问数组 x 和 y 时的时间局部性和空间局部性。

    2）假定数据 Cache 采用直接映射方式，Cache 容量为 32 字节，每个主存块大小为 16 字节；编译器将变量 sum 和 i 分配在寄存器中，内存按字节编址，数组 x 存放在 0000 0040H 开始的 32 字节的连续存储区中，数组 y 则紧跟在 x 后进行存放。该程序数据访问的命中率是多少？要求说明每次访问时 Cache 的命中情况。

    3）将上述 2）中的数据 Cache 改用 2－路组相联映射方式，块大小改为 8 字节，其他条件不变，则该程序数据访问的命中率是多少？

4）在上述 2）中条件不变的情况下，将数组 x 定义为 float[12]，则数据访问的命中率是多少？

44.（12 分）在某段式存储管理系统中，逻辑地址为 32 位，其中高 16 位为段号，低 16 位为段内偏移量，以下是段表（其中的数据均为十六进制数）：

段	基地址	长度	保护
0	10000	18C0	只读
1	11900	3FF	只读
2	11D00	1FF	读/写
3	0	0	禁止访问
4	11F00	1000	读/写
5	0	0	禁止访问
6	0	0	禁止访问
7	13000	FFF	读/写

以下是代码段的内容（代码前的数字表示存放代码的十六进制逻辑地址）：

main	sin
240 push x[10108]	360 mov r2,4+(sp)
244 call sin	364 … 488 ret
248 …	

试问：

1）x 的逻辑地址为 00010108H，它的物理地址是多少？要求给出具体的计算过程。

2）若栈指针 SP 的当前值为 70FF0H，push x 指令的执行过程：先将 SP 减 4，然后存储 x 的值。试问存储 x 的物理地址是多少？

3）call sin 指令的执行过程：先将当前 PC 值入栈，然后在 PC 内装入目标 PC 值。请问：哪个值被压入栈了？新的 SP 指针的值是多少？新的 PC 值是多少？

4）"mov r2, 4 + (SP)" 的功能是什么？（假设指令集与 x86 系列 CPU 相同。）

45.（8 分）兄弟俩共同使用一个账号，每次限存或取 10 元，存钱与取钱的进程分别如下：

```
int amount=0;
SAVE(){                          TAKE(){
  int m1;                          int m2;
    m1=amount;                         m2=amount;
      m1=m1+10;                          m2=m2-10;
  amount=m1;                         amount=m2;
}                                }
```

由于兄弟俩可能同时存钱和取钱，因此两个进程是并发的。若哥哥先存了两次钱，但在第三次存钱时，弟弟在取钱。请问：

1）最后账号 amount 上面可能出现的值是多少？

2）如何用 P、V 操作实现两并发进程的互斥执行？

46.（7分）一个文件系统中有一个 20MB 大文件和一个 20KB 小文件，当分别采用连续分配、隐式链接分配方案时，每块大小为 4096B，每块地址用 4B 表示，问：
1）该文件系统所能管理的最大文件是多少？
2）每种方案对大、小两文件各需要多少专用块来记录文件的物理地址（说明各块的用途）？
3）如需要读大文件前面第 5.5KB 的信息和后面第(16MB + 5.5KB)的信息，则每个方案各需要多少次盘 I/O 操作？

47.（9分）在本地主机使用 Ping 命令测试与远端主机 192.168.0.101 的连通性，Ping 测试仅进行了一次，由于测试数据较大，在 IP 层进行了数据分片。Ping 命令执行时，使用 Sniffer 工具捕获本机以太网发送方向的所有通信流量，得到 6 个 IP 数据报，表 1 以十六进制格式逐字节给出了 6 个 IP 数据报的前 40B。
1）哪几个数据报是该次 Ping 测试产生的？为什么？
2）本机 IP 地址是什么？这次测试 IP 数据报的 TTL 值被设为多少？
3）IP 数据报在被分片之前总长度是多少字节？

表 1 Sniffer 捕获到的 IP 数据报

编号	IP 数据报前 40 字节
1	45 00 05 DC 8F 04 20 00 39 01 4B 52 C0 A8 00 15 C0 A8 00 65 08 00 32 7E 04 00 CF 04 61 62 63 64 65 66 67 68 69 6A 6B 6C
2	45 00 02 80 8E F9 00 00 71 01 37 1D C0 A8 00 15 C0 A8 00 01 08 00 AF 7D 04 00 CE 04 CE 04 61 62 63 64 65 66 67 68 69 6A
3	45 00 00 58 8E FA 40 00 80 06 E9 DA C0 A8 00 15 C0 A8 00 02 04 2E 00 16 98 DE BE B3 AC 74 A0 86 50 18 3B 08 BC F5 00 F5
4	45 00 05 DC 8F 04 20 B9 39 01 4A 99 C0 A8 00 15 C0 A8 00 65 61 62 63 64 65 66 67 68 69 6A 6B 6C 6D 6E 6F 70 71 72 73 74
5	45 00 05 9B 8F 04 01 72 39 01 6A 21 C0 A8 00 15 C0 A8 00 65 69 6A 6B 6C 6D 6E 6F 70 71 72 73 74 75 76 77 61 62 63 64 65
6	45 00 00 58 8F 05 40 00 80 06 E9 CF C0 A8 00 15 C0 A8 00 79 04 2E 00 16 98 DE BF 43 AC 74 E1 A6 50 18 3F D0 17 1A 00 00

IP 分组头的结构如图 1 所示。

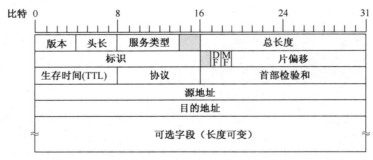

图 1 IP 分组头结构

绝密★启用前

全国硕士研究生入学统一考试

计算机科学与技术学科联考

计算机专业基础综合考试模拟试卷(四)

（科目代码：408）

考生注意事项

1. 答题前，考生在试题册指定位置上填写考生编号和考生姓名；在答题卡指定位置上填写报考单位、考生姓名和考生编号，并涂写考生编号信息点。

2. 考生须把试题册上的"试卷条形码"粘贴条取下，粘贴在答题卡的"试卷条形码粘贴位置"框中，不按规定粘贴条形码而影响评卷结果的，责任由考生自负。

3. 选择题的答案必须涂写在答题卡和相应题号的选项上，非选择题的答案必须书写在答题卡指定位置的边框区域内，超出答题区域书写的答案无效；在草稿纸、试题册上答题无效。

4. 填（书）写部分必须使用黑色字迹签字笔书写，字迹工整、笔迹清楚；涂写部分必须使用2B 铅笔涂写。

5. 考试结束，将答题卡和试题册按规定交回。

（以下信息考生必须认真填写）

考生编号														
考生姓名														

一、单项选择题

第 01～40 小题，每小题 2 分，共 80 分。下列每题给出的四个选项中，只有一个选项最符合试题要求。

01． 若一个栈以向量 V[1…n]存储，初始栈顶指针 top 为 $n+1$，则 x 进栈的正确操作是（　　）。
A．top = top + 1；　V[top] = x　　　　B．V[top] = x; top = top + 1
C．top = top – 1；　V[top] = x　　　　D．V[top] = x; top = top – 1

02． 若以 1234 作为双端队列的输入序列，则既不能由输入受限的双端队列得到，又不能由输出受限的双端队列得到的输出序列是（　　）。
A．1234　　　　B．4132　　　　C．4231　　　　D．4213

03． 栈初始为空，将中缀表达式 $a-(b\times c + d/e)$ 转化为等价的后缀表达式，运算符栈中元素最多时是（　　）个。
A．2　　　　B．3　　　　C．4　　　　D．5

04． 对于 9×9 的对称矩阵 M，其上三角部分元素 $m_{i,j}$（$1\leq i\leq j\leq 9$）按照行优先存入一维数组中 A 中，A[38]对应 $m_{i,j}$ 中的下标为（　　）。
A．7,1　　　　B．5,9　　　　C．6,8　　　　D．6,9

05． 在一棵非空二叉树的中序遍历序列中，根结点的右边（　　）。
A．只有右子树上的所有结点　　　　B．只有右子树上的部分结点
C．只有左子树上的部分结点　　　　D．只有左子树上的所有结点

06． 以下算法中需要用到并查集的是（　　）。
A．Floyd 算法　　B．Kruskal 算法　　C．Prim 算法　　D．Dijkstra 算法

07． 由 4 棵树组成的森林中，第一、第二、第三和第四棵树中的结点数分别为 30, 10, 20, 5，当把森林转换成二叉树后，对应二叉树中根结点的右子树的左子树的结点数为（　　）。
A．29　　　　B．9　　　　C．25　　　　D．19

08． 下列关于红黑树的说法中，错误的是（　　）。
A．每个结点只能是红色的或者黑色的
B．每个叶子结点是黑色的
C．如果一个结点是黑色的，则它的孩子结点必须是红色的
D．一棵 4 阶 B 树可以转换成对应的红黑树

09． 在二叉排序树中查找关键码为 52 的结点，下列序列不可能是在二叉排序树中的查找顺序的是（　　）。
A．80, 22, 76, 25, 37, 52　　　　B．95, 59, 84, 25, 70, 52
C．1, 58, 54, 20, 43, 52　　　　D．90, 22, 82, 63, 52

10． 已知有向图 $G=(V, A)$，其中 $V=\{a,b,c,d,e\}$，$A=\{<a,b>, <a,c>, <d,c>, <d,e>, <b,e>, <c,e>\}$，对该图进行拓扑排序，下面序列中不是拓扑排序的是（　　）。
A．a, d, c, b, e　　　　B．d, a, b, c, e
C．a, b, d, c, e　　　　D．a, b, c, d, e

11． 对关键码序列 28, 16, 32, 12, 60, 2, 5, 72 快速排序，从小到大一次划分结果为（　　）。
A．(2, 5, 12, 16) 28 (60, 32, 72)　　　　B．(5, 16, 2, 12) 28 (60, 32, 72)
C．(2, 16, 12, 5) 28 (60, 32, 72)　　　　D．(5, 16, 2, 12) 28 (32, 60, 72)

12． 下列关于配备 32 位微处理器的计算机的说法中正确的是（　　）。
A．该机器的通用寄存器一般为 32 位　　B．该机器的地址总线宽度为 32 位

第 2 页（共 8 页）

C．该机器能支持 64 位操作系统　　　　　D．以上说法均不正确

13．已知$[X]_{补}=8CH$，计算机的机器字长为 8 位二进制数编码，则$[X/4]_{补}$为（　　）。

　　A．8CH　　　　　　B．18H　　　　　　C．E3H　　　　　　D．F1H

14．下列关于浮点数的说法中，正确的是（　　）。

　　I．最简单的浮点数舍入处理方法是恒置"1"法

　　II．IEEE754 标准的浮点数进行乘法运算的结果肯定不需要做"左规"处理

　　III．浮点数加减运算的步骤中，对阶的处理原则是小阶向大阶对齐

　　IV．当补码表示的尾数的最高位与尾数的符号位（数符）相同时表示规格化

　　V．在浮点运算过程中如果尾数发生溢出，则应进入相应的中断处理

　　A．II、III 和 V　　　B．II 和 III　　　C．I、II 和 III　　　D．II、III、IV 和 V

15．下列关于 DRAM 和 SRAM 的说法中，错误的是（　　）。

　　I．SRAM 不是易失性存储器，而 DRAM 是易失性存储器

　　II．DRAM 比 SRAM 集成度更高，因此读写速度也更快

　　III．主存只能由 DRAM 构成，而高速缓存只能由 SRAM 构成

　　IV．与 SRAM 相比，DRAM 由于需要刷新，因此功耗较高

　　A．II、III 和 IV　　B．I、III 和 IV　　C．I、II 和 III　　D．I、II、III 和 IV

16．假定有一个计算机系统，其 DRAM 存储器的访问时间为：发送地址 1 个时钟，每次访问的初始化需要 16 个时钟，每发送 1 个数据字需要 1 个时钟。若主存块为 4 个字，DRAM 的存取宽度为 1 个字，则系统中 Cache 的一次命中缺失至少需要（　　）个时钟。

　　A．18　　　　　　B．21　　　　　　C．34　　　　　　D．69

17．下列关于 Cache 与 TLB 的描述中，说法错误的是（　　）。

　　A．TLB 与 Cache 中保存的数据是不同的

　　B．TLB 缺失之后，有可能直接在 Cache 中找到页表内容

　　C．TLB 缺失会导致程序执行出错，但是 Cache 缺失不会

　　D．TLB 和 Cache 的命中率都与程序的局部性有关

18．下列关于基址寻址和变址寻址的说法中，正确的是（　　）。

　　I．两者都扩大指令的寻址范围

　　II．变址寻址适合于编制循环程序

　　III．基址寻址适合于多道程序设计

　　IV．基址寄存器的内容由操作系统确定，在执行的过程中可变

　　V．变址寄存器的内容由用户确定，在执行的过程中不可变

　　A．I、II 和 III　　　　　　　　　　B．I、II 和 V

　　C．II 和 III　　　　　　　　　　　D．II、III、IV 和 V

19．下列关于微指令编码方式的说法中，错误的是（　　）。

　　I．字段直接编码可以用较少的二进制信息表示较多的微操作命令信号，例如两组互斥微命令中，微命令个数分别为 8 和 9，则只分别需要 3 位和 4 位即可表示

　　II．直接编码无须进行译码，微指令的微命令字段中每位都代表一个微命令

　　III．垂直型微指令以较长的微程序结构换取较短的微指令结构，因而执行效率高、灵活性强，都高于水平型微指令

　　IV．字段间接编码中，一个字段的译码输出需要依靠另外某一个字段的输入

　　A．I、III 和 IV　　B．II、III 和 IV　　C．II 和 IV　　　D．I、II、III 和 IV

20. 影响总线带宽的因素有（　　）。
    Ⅰ. 总线宽度　　Ⅱ. 数据字长　　Ⅲ. 总线频率
    Ⅳ. 数据传输方式　Ⅴ. 总线设备的数量
    A. Ⅰ、Ⅲ 和 Ⅴ　　　　　　　　　　B. Ⅰ、Ⅱ、Ⅲ 和 Ⅳ
    C. Ⅰ、Ⅲ 和 Ⅳ　　　　　　　　　　D. Ⅰ、Ⅱ、Ⅲ、Ⅳ 和 Ⅴ

21. 某计算机系统中的软盘驱动器以中断方式与处理机进行 I/O 通信，通信以 16bit 为传输单位，传输率为 50KB/s。每次传输的开销（包括中断）为 100 个节拍，处理器的主频为 50MHz，则磁盘使用时占用处理器时间的比例为（　　）。
    A. 5%　　　　B. 10%　　　　C. 15%　　　　D. 20%

22. DMA 方式的接口电路中有程序中断部件，其作用包括（　　）。
    Ⅰ. 实现数据传送　　　　　　　　　Ⅱ. 向 CPU 提出总线使用权
    Ⅲ. 向 CPU 提出传输结束　　　　　Ⅳ. 检查数据是否出错
    A. 仅 Ⅲ　　　B. Ⅲ 和 Ⅳ　　　C. Ⅰ、Ⅲ 和 Ⅳ　　　D. Ⅰ 和 Ⅱ

23. 进程从运行状态到等待状态可能是（　　）。
    A. 运行进程执行了 P 操作　　　　　B. 进程调度程序的调度
    C. 运行进程的时间片用完　　　　　D. 运行进程执行了 V 操作

24. 下列各种调度算法中，属于基于时间片的调度算法的是（　　）。
    Ⅰ. 时间片轮转法　　Ⅱ. 多级反馈队列调度算法　　Ⅲ. 抢占式调度算法
    Ⅳ. FCFS（先来先服务）调度算法　　Ⅴ. 高响应比优先调度算法
    A. Ⅰ 和 Ⅱ　　　　　　　　　　　　B. Ⅰ、Ⅱ 和 Ⅳ
    C. Ⅰ、Ⅲ 和 Ⅳ　　　　　　　　　　D. Ⅰ、Ⅱ 和 Ⅲ

25. 对记录型信号量 S 执行 V 操作后，下列选项中错误的是（　　）。
    Ⅰ. 当 S.value≤0 时，唤醒一个阻塞队列进程
    Ⅱ. 只有当 S.value＜0 时，才唤醒一个阻塞队列进程
    Ⅲ. 当 S.value≤0 时，唤醒一个就绪队列进程
    Ⅳ. 当 S.value＞0 时，系统不做额外操作
    A. Ⅰ、Ⅲ　　　B. Ⅰ、Ⅳ　　　C. Ⅰ、Ⅱ、Ⅲ　　　D. Ⅱ、Ⅲ

26. 下列解决死锁的方法中，属于死锁预防策略的是（　　）。
    A. 银行家算法　　　　　　　　　　B. 资源有序分配法
    C. 资源分配图化简法　　　　　　　D. 撤销进程法

27. 假设 5 个进程 P0, P1, P2, P3, P4 共享三类资源 R1, R2, R3，这些资源总数分别为 18, 6, 22。T_0 时刻的资源分配情况如下表所示，此时存在的一个安全序列是（　　）。

进程	已分配资源			资源最大需求		
	R1	R2	R3	R1	R2	R3
P0	3	2	3	5	5	10
P1	4	0	3	5	3	6
P2	4	0	5	4	0	11
P3	2	0	4	4	2	5
P4	3	1	4	4	2	4

    A. P0, P2, P4, P1, P3　　　　　　B. P1, P0, P3, P4, P2
    C. P2, P1, P0, P3, P4　　　　　　D. P3, P4, P2, P1, P0

28. 若存储单元长度为 n，存放在该存储单元的程序长度为 m，则剩下长度为 $n-m$ 的空间称为该单元的内部碎片。下面存储分配方法中，哪种存在内部碎片？（ ）

    I．固定式分区   II．动态分区   III．页式管理

    IV．段式管理   V．段页式管理   VI．请求段式管理

    A．I 和 II   B．I、III 和 V

    C．IV、V 和 VI   D．III 和 V

29. 在某个计算机系统中，内存的分配采用按需调页方式，测得当前 CPU 的利用率为 8%，硬盘交换空间的利用率为 55%，硬盘的繁忙率为 97%，其他设备的利用率可以忽略不计，由此断定系统发生异常，则解决方法是（ ）。

    I．加大交换空间容量   II．增加内存容量   III．增加 CPU 数量

    IV．安装一个更快的硬盘   V．减少多道程序的道数

    A．II、III 和 IV   B．II 和 V

    C．I 和 II   D．II、III 和 V

30. 系统为某进程分配了 3 个页框，访问页号序列为 5, 4, 3, 2, 4, 3, 1, 4, 3, 2, 1, 5。请问采用 LRU 和 FIFO 算法的缺页次数分别为（ ）。

    A．9 和 10   B．6 和 6   C．5 和 7   D．8 和 10

31. 物理文件的组织方式是由（ ）确定的。

    A．应用程序   B．存储介质   C．外存容量   D．存储介质和操作系统

32. 操作系统的 I/O 子系统通常由四个层次组成，则检查设备的就绪状态是在（ ）层实现的。

    A．设备驱动程序   B．用户级 I/O 软件

    C．设备无关软件   D．中断处理程序

33. 在 OSI 参考模型中，实现系统间二进制信息块的正确传输，为上一层提供可靠、无错误的数据信息的协议层是（ ）。

    A．物理层   B．数据链路层   C．网络层   D．传输层

34. 电路交换的优点有（ ）。

    I．传输时延小 II．分组按序到达 III．无须建立连接 IV．线路利用率高

    A．I 和 II   B．II 和 III   C．I 和 III   D．II 和 IV

35. 下列关于滑动窗口的说法中，错误的是（ ）。

    I．对于窗口大小为 n 的滑动窗口，最多可以有 n 帧已发送但没有确认

    II．假设帧序号有 3 位，采用连续 ARQ 协议，发送窗口的最大值为 4

    III．在 GBN 协议中，若发送窗口的大小为 16，则至少需要 4 位序列号才能保证协议不出错

    A．I 和 II   B．仅 III   C．I 和 III   D．I、II 和 III

36. 以太网中如果发生介质访问冲突，按照二进制指数后退算法决定下一次重发的时间，使用二进制后退算法的好处是（ ）。

    A．这种算法简单

    B．这种算法执行速度快

    C．这种算法考虑了网络负载对冲突的影响

    D．这种算法与网络的规模大小无关

37. 以太网交换机的自学习算法是指，它根据帧中的（ ）进行地址学习。

    A．源 MAC 地址   B．目的 MAC 地址

    C．源 MAC 地址和目的 MAC 地址   D．源 IP 地址

38. 在 IP 分组传输的过程中（不包括 NAT 情况），以下 IP 分组头中的域保持不变的是（　　）。
   A．总长度　　　　　B．首部校验和　　　C．生存时间　　　D．源 IP 地址

39. 下面关于 VLAN 的描述中，正确的是（　　）。
   A．一个 VLAN 是一个广播域　　　　　B．一个 VLAN 是一个冲突域
   C．一个 VLAN 必须连接同一个交换机　　D．不同 VLAN 之间不能通信

40. TCP 协议中，发送双方发送报文的初始序号分别为 X 和 Y，在第一次握手时发送方发送给接收方报文中，正确的字段是（　　）。
   A．SYN = 1，序号 = X　　　　　　　B．SYN = 1，序号 = $X+1$，$ACK_X = 1$
   C．SYN = 1，序号 = Y　　　　　　　D．SYN = 1，序号 = Y，$ACK_{Y+1} = 1$

二、综合应用题

第 41～47 题，共 70 分。

41. （8分）一个有六个顶点的有向有权图，其邻接矩阵 A 为上三角矩阵，存储方式为行优先的数组存储，数组元素为 4, 6, ∞, ∞, ∞, 5, ∞, ∞, ∞, 4, 3, ∞, ∞, 3, 3。
   1）请画出该图的邻接矩阵。
   2）根据邻接矩阵画出有向图。
   3）计算关键路径。

42. （15分）已知线性表$(a_1, a_2, a_3, \cdots, a_n)$存放在一维数组 A 中。试设计一个在时间和空间两方面都尽可能高效的算法，将所有奇数号元素移到所有偶数号元素前，并且不得改变奇数号（或偶数号）元素之间的相对顺序，要求：
   1）给出算法的基本设计思想。
   2）根据设计思想，采用 C 或 C++或 Java 语言描述算法，关键之处给出注释。
   3）说明你所设计算法的时间复杂度和空间复杂度。

43. （13分）某 C 程序中包含以下代码 "for (i= 0; i< 5; i++;} j = j + B[i];"，假设编译时变量 i，j 分别保存在寄存器 R1 和 R2 中，int 型数组 B 的首地址分配在寄存器 R3 中，该段代码对应的汇编程序和机器代码如表 1 所示。

表 1　循环代码对应的汇编程序和机器代码说明

编号	地址	机器代码	汇编代码	注释
1	00003000H	00000820H	add R1, R0, R0	0 → R1
2	00003004H	00012880H	sll R5, R1, 2	(R1) << 2 → R5
3	00003008H	00a32820H	add R5, R5, R3	(R5) + (R3) → R5
4	0000300cH	8ca60000H	lw R6, 0(R5)	((R5) + 0) → R6
5	00003010H	00461020H	add R2, R2, R6	(R2) + (R6) → R2
6	00003014H	20210001H	addi R1, R1, 1	(R1) + 1 → R1
7	00003018H	28240005H	slti R4, R1, 5	if (R1) < 5　1 → R4
8	0000301CH	1480fff9H	bne R4, R0, loop	if (R4) != 0　goto loop

这段代码在某台主频 100MHz，采用 32 位定长指令字的计算机上运行，其中 bne 指令格式如图 1 所示。

图 1 bne 指令格式

OP 为操作码，Rs 和 Rt 为寄存器编号，OFFSET 为偏移量，用补码表示。
请回答：
1) 该计算机 CPU 包含多少个通用寄存器？存储器编址单位是多少？
2) bne 指令采用相对寻址，OFFSET 部分存放的是字偏移量，请给出指令中 loop 指向的地址。
3) 若该计算机各类指令所花费时钟周期数为：运算类指令 4 个、分支跳转类指令 3 个、访存类指令（可以包含计算）5 个，请计算该段代码的平均 CPI、MIPS 以及总执行时间 T。
4) 若该计算机采用五级流水线，且硬件不使用任何转发措施，bne 指令的指向会引起 2 个时钟周期的阻塞。这段代码中哪些编号的指令执行会由于数据相关导致阻塞？哪些编号的指令执行会引起控制相关？

44.（10 分）设某计算机有 4 级中断 A, B, C, D，其硬件排队优先级次序为 A > B > C > D。如表所示列出了执行每级中断服务程序所需的时间。

中断服务程序所需的时间

中断服务程序	所需时间
A	5μs
B	15μs
C	3μs
D	12μs

如果以执行中断服务程序的时间作为确定中断优先级的尺度：时间越短优先级越高。
1) 如何为各级中断服务程序设置屏蔽码？
2) 如果 A, B, C, D 分别在 6μs、8μs、10μs、0μs 时刻发出中断请求，请画出 CPU 执行中断服务程序的序列。
3) 基于上题，请计算上述 4 个中断服务程序的平均执行时间。

45.（7 分）一个磁盘机有 19456 个柱面，16 个读写磁头，并且每个磁道有 63 个扇区。磁盘以 5400rpm 的速度旋转。试问：
1) 如果磁盘的平均寻道时间是 10ms，那么读一个扇区的平均时间是多少？
2) 在一个请求分页系统中，若将该磁盘用作交换设备，而且页面大小和扇区的大小相同。读入一个换出页的平均时间和上面计算的相同。假设如果一个页必须被换出，而寻找换入页的平均寻道时间将只有 1ms，那么传输这两个页的平均时间是多少？
3) 如果在该系统中打开的文件数目远远多于驱动器的数目时，那么对磁盘机有什么影响？

46.（8分）有三组工人，第一组工人生产一把剑放入货架 T1，第二组工人生产一个剑鞘放入货架 T2，第三组工人每次取出一把剑和一个剑鞘组装成产品，同一货架不允许两名工人同时操作。货架 T1 最多放置 10 把剑，货架 T2 最多放置 12 个剑鞘。初始时 T1 为空，T2 内已有两个剑鞘。请使用信号量的 P、V 操作描述互斥和同步，并说明所用信号量及初值的含义。

47.（9分）设有 4 台主机 A、B、C 和 D 都处在同一物理网络中，它们的 IP 地址分别为 192.155.28.112、192.155.28.120、192.155.28.135 和 192.155.28.202，子网掩码都是 255.255.255.224，请回答：

1）该网络的 4 台主机中哪些可直接通信？哪些需要通过设置路由器才能通信？画出网络连接示意图，并注明各个主机的子网地址和主机地址。

2）如要加入第 5 台主机 E，使它能与主机 D 直接通信，其 IP 地址的范围是多少？

3）若不改变主机 A 的物理位置，而将其 IP 改为 192.155.28.168，则它的直接广播地址和本地广播地址各是多少？若使用本地广播地址发送信息，则哪些主机能够收到？

4）若要使该网络中的 4 台主机都能够直接通信，则可采取什么办法？

绝密★启用前

全国硕士研究生入学统一考试

计算机科学与技术学科联考

计算机专业基础综合考试模拟试卷(五)

（科目代码：408）

考生注意事项

1. 答题前，考生在试题册指定位置上填写考生编号和考生姓名；在答题卡指定位置上填写报考单位、考生姓名和考生编号，并涂写考生编号信息点。

2. 考生须把试题册上的"试卷条形码"粘贴条取下，粘贴在答题卡的"试卷条形码粘贴位置"框中，不按规定粘贴条形码而影响评卷结果的，责任由考生自负。

3. 选择题的答案必须涂写在答题卡和相应题号的选项上，非选择题的答案必须书写在答题卡指定位置的边框区城内，超出答题区域书写的答案无效；在草稿纸、试题册上答题无效。

4. 填（书）写部分必须使用黑色字迹签字笔书写，字迹工整、笔迹清楚；涂写部分必须使用2B铅笔涂写。

5. 考试结束，将答题卡和试题册按规定交回。

（以下信息考生必须认真填写）

考生编号															
考生姓名															

一、单项选择题

第 01～40 小题，每小题 2 分，共 80 分。下列每题给出的四个选项中，只有一个选项最符合试题要求。

01． 设 n 是描述问题规模的正整数，则下面程序片段的时间复杂度是（ ）。
```
       i=2;
       while(i<n/3)
           i=i*3;
```
  A．$O(\log_2 n)$ B．$O(n)$ C．$O(\sqrt[3]{n})$ D．$O(n^3)$

02． 对于单链表，头结点为 L，尾指针 r 指向最后一个结点，要保证插入的先后顺序与对应结点在链中的顺序相反，插入 p 结点操作为（ ）。
  A．L->next = p; p->next = L->next; B．p->next = L->next; L->next = p;
  C．r->next = p; r = p; D．p->next = r;

03． 已知一个栈的进栈序列是 $1, 2, 3, \cdots, n$，其输出序列为 $p_1, p_2, p_3, \cdots, p_n$，若 $p_1 = 3$，则 p_2 为（ ）。
  A．2 或 $4, 5, \cdots, n$ 都有可能 B．可能是 1
  C．一定是 2 D．只可能是 2 或 4

04． 三维数组 A[10][20][30]按行序为主序存放于一个连续的存储空间中，其中 A[0][0][0]的存储地址为 100，数组中每个元素占用 1 个字节，则 A[2][5][7]的存储地址是（ ）。
  A．100+2×20×30+5×30+7 B．100+2×10×20×30+5×20×30+7
  C．100+10×20×30+20×30+7 D．100+2+5×10+7×10×20

05． 二叉树有 a 个度为 1 的结点，b 个度为 2 的结点，该二叉树中共有（ ）个结点。
  A．$a+b+2$ B．$b+2a$ C．$a+2b$ D．$a+2b+1$

06． 利用逐点插入建立序列(50, 72, 43, 85, 75, 20, 35, 45, 65, 30)对应的二叉排序树后，查找元素 30 要进行的元素间的比较次数是（ ）。
  A．4 B．5 C．6 D．7

07． 关于哈夫曼树的说法正确的是（ ）。
  Ⅰ．哈夫曼树是排序二叉树
  Ⅱ．哈夫曼树是完全二叉树
  Ⅲ．哈夫曼树叶节点数 = 非叶节点数 + 1
  Ⅳ．哈夫曼树上层结点的值一定≥下层结点的值
  A．Ⅲ、Ⅳ B．Ⅱ、Ⅲ、Ⅳ C．Ⅲ D．Ⅰ、Ⅲ、Ⅳ

08． 图的邻接表存储如下所示，若从结点 0 出发，则下列序列中不是按深度优先遍历的结点序列是（ ）。
  A．0, 3, 2, 1 B．0, 2, 3, 1
  C．0, 2, 1, 3 D．0, 1, 3, 2

09． 散列表的地址范围为 0～17，散列函数为 $H(k) = k \bmod 17$。采用线性探测法处理冲突，将关键字序列 26, 25, 72, 38, 8, 18, 59 依次存储到散列表中。元素 59 存放在散列表中的地址是（ ）。
  A．8 B．9 C．10 D．11

10． 下列关于 AOE 网的叙述中，正确的是（ ）。
  A．关键路径上某个活动的时间缩短，整个工程的时间也就必定缩短
  B．关键路径上活动的时间延长多少，整个工程的时间也就随之延长多少
  C．关键路径上任一关键活动改变后，都必然会影响关键路径的改变
  D．若所有的关键路径一同延长或缩短，则不会引起关键路径的改变

11. 一组数据(30, 20, 10, 15, 35, 1, 10, 5)，用堆排序（小顶堆）的方法建立的初始堆为（　　）。

    A. 1, 5, 15, 20, 35, 10, 30, 10　　　　　　　　B. 1, 10, 30, 10, 5, 15, 35, 20

    C. 1, 5, 10, 15, 35, 30, 10, 20　　　　　　　　D. A、B 和 C 均不正确

12. 已知 C 程序中，某 int 型变量 x 的值为 -1088。程序执行时，x 先被存放在 16 位寄存器 R_1 中，然后被进行算术右移 4 位的操作，则此时 R_1 中的内容（十六进制表示）是（　　）。

    A. FBC0H　　　　　　B. FFBCH　　　　　　C. 0FBCH　　　　　　D. 87BCH

13. 某 C 语言结构体如下：

```
struct T{
    double v;
    short s;
    int i;
} Node;
```

    则执行 sizeof(Node)的值是（　　）。

    A. 14　　　　　　　　B. 12　　　　　　　　C. 16　　　　　　　　D. 18

14. 下列关于机器零的说法，正确的是（　　）。

    A. 发生"下溢"时，浮点数被当作机器零，机器将暂停运行，转去处理"下溢"

    B. 只有以移码表示阶码时，才能用全 0 表示机器零的阶码

    C. 机器零属于规格化的浮点数

    D. 定点数中的零也是机器零

15. 假定用若干 8K×8 位的芯片组成一个 32K×32 位的存储器，存储字长 32 位，内存按字编址，则地址 41F0H 所在芯片的最大地址是（　　）。

    A. 0000H　　　　　　B. 4FFFH　　　　　　C. 5FFFH　　　　　　D. 7FFFH

16. 某计算机主存地址 32 位，按字节编址。L1 data cache 和 L1 code cache 采用 8-路组相联方式，主存块大小 64B，采用回写（Write Back）方式和随机替换策略。两种 cache 的数据区都是 32KB，问 L1 cache 总容量至少有（　　）。

    A. 530K 位　　　　　　B. 531K 位　　　　　　C. 533K 位　　　　　　D. 534K 位

17. 虚拟页面的状态不可能是（　　）。

    A. 未分配　　　　　B. 已分配已缓存　　　　　C. 已分配未缓存　　　　　D. 已缓存未分配

18. 某微机的指令格式如下所示：

15	10	9		8	7		0
操作码		X			D		

    其中 D 为位移量，X 为寻址特征位。

    X = 00：直接寻址；X = 01：用变址寄存器 X1 进行变址；

    X = 10：用变址寄存器 X2 进行变址；X = 11：相对寻址。

    设(PC) = 1234H, (X1) = 0037H, (X2) = 1122H，则指令 2222H 的有效地址是（　　）。

    A. 22H　　　　　　　　B. 1144H　　　　　　C. 1256H　　　　　　D. 0059H

19. 在总线上，（　　）信息的传输为单向传输。

    I. 地址　　　　II. 数据　　　　III. 控制　　　　IV. 状态

    A. I、II 和 IV　　　　B. III 和 IV　　　　C. I 和 II　　　　D. I、III 和 IV

20. 传输一幅分辨率为 640×480 像素，6.5 万色的照片（图像），假设数据传输速度为 56kbps，大约需要的时间是（　　）。

    A. 34.82s　　　　　　B. 42.86s　　　　　　C. 85.71s　　　　　　D. 87.77s

21. 设 CPU 与 I/O 设备以中断方式进行数据传送，CPU 响应中断时，该 I/O 设备接口控制器送给 CPU 的中断向量表（中断向量表存放中段向量）的指针是 0800H，0800H 单元中的值为 1200H。则该 I/O 设备的中断服务程序在主存中的入口地址为（   ）。
    A．0800H   B．0801H   C．1200H   D．1201H

22. RAID 磁盘阵列做不到的是（   ）。
    A．让多个磁盘并行工作
    B．加快数据的输入输出
    C．提高存储器的可靠性
    D．减少数据冗余

23. 在操作系统中，有些指令只能在系统的内核状态下运行，而不允许普通用户程序使用。下列操作中，可以运行在用户态下的是（   ）。
    A．设置定时器的初值
    B．触发 Trap 指令
    C．内存单元复位
    D．关闭中断允许位

24. 进程控制块中通常不包含的信息是（   ）。
    A．进程打开文件列表指针
    B．进程地址空间大小
    C．进程起始地址
    D．进程优先级

25. 系统拥有一个 CPU。IO_1 和 IO_2 为两个不同步的输入/输出装置，它们能够同时工作。当使用 CPU 之后控制转向 IO_1、IO_2 时，或者使用 IO_1、IO_2 之后控制转向 CPU 时，由控制程序执行中断处理，但这段处理时间忽略不计。有 A、B 两个进程同时被创建，进程 B 的调度优先权比进程 A 高，但是，当进程 A 正在占用 CPU 时，即使进程 B 需要占用 CPU，也不能打断进程 A 的执行（IO 设备也不能抢占）。若在同一系统中分别单独执行，则需要占用 CPU、IO_1、IO_2 的时间如下图所示：

进程 A

CPU	IO_1	CPU	IO_2	CPU	IO_1
25ms	30ms	20ms	20ms	20ms	30ms

进程 B

CPU	IO_1	CPU	IO_2	CPU	IO_2	CPU
20ms	30ms	20ms	20ms	10ms	20ms	45ms

经过计算可知，（   ）先结束。
A．进程 A   B．进程 B   C．进程 A 和进程 B 同时   D．不一定

26. 关于临界区问题（critical section problem）的一个算法（假设只有进程 P_0 和 P_1 可能会进入该临界区）如下（i 为 0 或 1），该算法（   ）。

```
Repeat
        retry:  if(turn!=-1) turn=i;
        if(turn!=i) goto retry;
        turn=-1;
```
临界区
```
        turn=0;
```
剩余区
```
        until false;
```

A．不能保证进程互斥进入临界区，且会出现"饥饿"
B．不能保证进程互斥进入临界区，但不会出现"饥饿"
C．保证进程互斥进入临界区，但会出现"饥饿"
D．保证进程互斥进入临界区，不会出现"饥饿"

27. 有 m 个用户共同使用 n 台相同类型的独占设备，每个用户需要使用 3 台设备，以下不会产生

死锁的 m 和 n 组合是（　　）。

    A．$m = 2, n = 3$　　　　B．$m = 4, n = 8$　　　　C．$m = 3, n = 5$　　　　D．$m = 5, n = 11$

28．请求调页存储管理的页表描述字中的修改位，供（　　）参考。

    A．程序修改　　　　　　　　　　　　　B．分配页面

    C．淘汰页面　　　　　　　　　　　　　D．调入页面

29．下面关于虚拟存储器的论述中，正确的是（　　）。

    A．在段页式系统中以段为单位管理用户的逻辑空间，以页为单位管理内存的物理空间，有了虚拟存储器才允许用户使用比内存更大的地址空间

    B．为了提高请求分页系统中内存的利用率允许用户使用不同大小的页面

    C．为了能让更多的作业同时运行，通常只装入 10%～30%的作业即启动运行

    D．最佳适应算法是实现虚拟存储器的常用算法

30．在页式存储管理系统中，若考虑 TLB 和 Cache，为获得一条指令或数据（对应指令或数据已在内存中），至少需要访问内存（　　）次，至多需要（　　）次。

    A．1，2　　　　　　　　B．0，1　　　　　　　　C．0，2　　　　　　　　D．1，3

31．信息在外存空间的排列也会影响存取等待时间。考虑几个逻辑记录 A, B, C, …, J，它们被存放于磁盘上，每个磁道存放 10 个记录，安排如表 1 所示。

表 1　每个磁道存放 10 个记录

物理块	1	2	3	4	5	6	7	8	9	10
逻辑记录	A	B	C	D	E	F	G	H	I	J

假定要经常顺序处理这些记录，磁道旋转速度为 20ms/转，处理程序读出每个记录后花 4ms 进行处理。考虑对信息的分布进行优化，如表 2 所示，相比之前的信息分布，优化后的时间缩短了（　　）。

表 2　优化后磁道存放的 10 个记录

物理块	1	2	3	4	5	6	7	8	9	10
逻辑记录	A	H	E	B	I	F	C	J	G	D

    A．60ms　　　　　　　　B．104ms　　　　　　　　C．144ms　　　　　　　　D．204ms

32．下列有关设备管理概念的叙述中，（　　）是不正确的。

    I．通道可视为一种软件，其作用是提高了 CPU 的利用率

    II．编制好的通道程序是存放在主存储器中的

    III．用户给出的设备编号是设备的物理号

    IV．来自通道的 I/O 中断事件应该由设备管理负责

    A．I 和 III　　　　　　B．I 和 IV　　　　　　C．II、III 和 IV　　　　　　D．II 和 III

33．以下各项中，不是数据报服务特点的是（　　）。

    A．每个分组自身携带有足够多的信息，它的传送被单独处理

    B．在整个传送过程中，不需要建立虚电路

    C．使所有分组按顺序到达目的端系统

    D．网络结点要为每个分组做出路由选择

34．一个传输数字信号的模拟信道的信号功率是 0.62W，噪声功率是 0.02W，频率范围是 3.5～3.9MHz，该信道的最高数据传输速率是（　　）。

    A．1Mbps　　　　　　　B．2Mbps　　　　　　　C．4Mbps　　　　　　　D．8Mbps

35．主机甲、乙间采用停止等待协议，发送帧长为 50B 的数据帧，确认帧采用捎带确认，数据传输速率为 2kbps，RTT 约为 200ms，则最大信道利用率约为（　　）。
　　A．50%　　　　　B．33%　　　　　C．60%　　　　　D．100%

36．在 CSMA/CD 以太网中，在第 5 次碰撞之后，一个结点选择的 r 值为 4 的概率是（　　）。
　　A．1/8　　　　　B．1/16　　　　　C．1/32　　　　　D．1/64

37．当 IP 分组经过路由器进行分片时，其首部发生变化的字段有（　　）。
　　Ⅰ．标识 IDENTIFICATION　　Ⅱ．标志 FLAG　　Ⅲ．片偏移　　Ⅳ．总长度　　Ⅴ．校验和
　　A．Ⅰ、Ⅱ和Ⅲ　　　　　　　　　　　　　B．Ⅱ、Ⅲ、Ⅳ和Ⅴ
　　C．Ⅱ、Ⅲ和Ⅳ　　　　　　　　　　　　　D．Ⅱ和Ⅲ

38．边界网关协议 BGP 各网关直接交换路由信息时直接采用的协议是（　　）。
　　A．UDP　　　　　B．TCP　　　　　C．IP　　　　　D．ICMP

39．信道带宽为 1Gbps，端到端时延为 10ms，TCP 的发送窗口为 65535B，则可能达到的最大吞吐量是（　　）。
　　A．1Mbps　　　　B．3.3Mbps　　　C．25.5Mbps　　　D．52.4Mbps

40．在 TCP 协议中，当主动方发出 SYN 连接请求后，等待对方回答的是（　　）。
　　A．SYN，ACK　　B．FIN，ACK　　C．PSH，ACK　　D．RST，ACK

二、综合应用题

第 41～47 题，共 70 分。

41．（12 分）设 $m+n$ 个元素顺序存放在数组 A[1…$m+n$]中，前 m 个元素递增有序，后 n 个元素递增有序，试设计一个在时间和空间两方面都尽可能高效的算法，使得整个顺序表递增有序，要求：
　　1）给出算法的基本设计思想。
　　2）根据设计思想，采用 C 或 C++或 Java 语言描述算法，关键之处给出注释。
　　3）说明你所设计算法的时间复杂度和空间复杂度。

42．（11 分）图 1 为某操作系统中文件系统的目录结构。
　　请回答以下问题。
　　1）本题中的目录结构可抽象为数据结构中的哪种逻辑结构？
　　2）请设计合理的链式存储结构，以保存图 1 中的文件目录信息。要求给出链式存储结构的数据类型定义，并画出对应图 1 中根目录部分到目录 A、B 及其子目录和文件的链式存储结构示意图。
　　3）哈夫曼树是一种特殊的树形结构，请证明哈夫曼树的总结点数总为奇数。

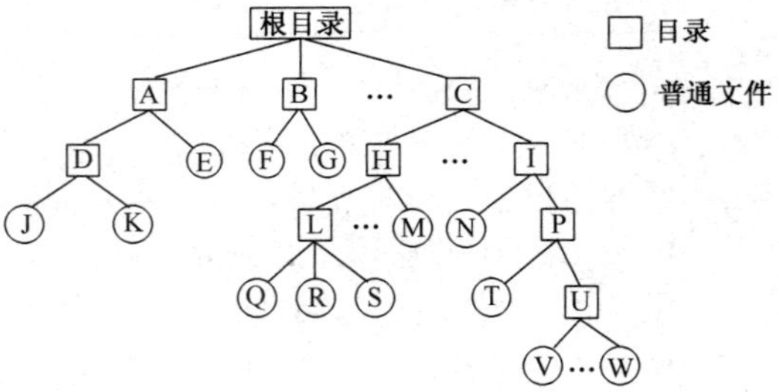

图 1 目录结构

43．（8 分）根据 42 题图 1 描述的目录结构，结合以下叙述继续回答问题。根目录常驻内存，目录文件组织成链接文件，不设文件控制块，普通文件组织成索引文件。目录表指示下一级文件名及其磁盘地址（各占 2B，共 4B）。若下级文件是目录文件，指示其第一个磁盘块地址。若下级文件是普通文件，指示其文件控制块的磁盘地址。每个目录文件磁盘块的最后 4B 供拉

链使用。下级文件在上级目录文件中的次序在图中为从左至右。每个磁盘块有 512B，与普通文件的一页等长。

普通文件的文件控制块组织如图 2 所示，其中，每个磁盘地址占 2B，前 10 个地址直接指示该文件前 10 页的地址。第 11 个地址指示一级索引表地址，一级索引表中每个磁盘地址指示一个文件页地址；第 12 个地址指示二级索引表地址，二级索引表中每个地址指示一个一级索引表地址；第 13 个地址指示三级索引表地址，三级索引表中每个地址指示一个二级索引表地址。请问：

该文件的有关描述信息
1　磁盘地址
2　磁盘地址
3　磁盘地址
⋮　…
11　磁盘地址
12　磁盘地址
13　磁盘地址

图 2

1）一个普通文件最多可有多少个文件页？
2）若要读文件 J 中的某一页，最多启动磁盘多少次？
3）若要读文件 W 中的某一页，最少启动磁盘多少次？
4）就 3）而言，为最大限度减少启动磁盘的次数，可采用什么方法？此时，磁盘最多启动多少次？

44. （7 分）有三个进程 PA、PB 和 PC 合作解决文件打印问题：PA 将文件记录从磁盘读入主存的缓冲区 1，每执行一次读一个记录；PB 将缓冲区 1 的内容复制到缓冲区 2，每执行一次复制一个记录；PC 将缓冲区 2 的内容打印出来，每执行一次打印一个记录。缓冲区的大小等于一个记录的大小。请用 P、V 操作来保证文件的正确打印。

45. （11 分）某计算机的主存地址位数为 16 位，按字节编址。假定数据 Cache 中最多存放 32 个主存块，采用 2-路组相联方式，块大小为 16B，采用 LRU 替换算法。采用写回法，为此每块设置了 1 位"脏"位。请问：

1）主存地址中标记（Tag）、组号（Index）和块内地址（Offset）三部分的位置和位数分别是多少？该数据 Cache 的总位数是多少？
2）设字长为 4B，Cache 初始为空，CPU 从主存地址 0，4，…，380，依次读出 96 个字（主存每次读出一个字），并重复按此次序读 6 次，则命中率为多少？
3）如果快表中组号为 10、行号为 1 的 Cache 块的标记为 36H，有效位为 1，那么在 CPU 送来主存的字地址为 36A8H 时是否命中？

46. （12 分）一个 C 语言程序代码如下所示。

```
#include<stdio.h>
#define N 4
int s=0;
int buf[4]={-259,-126,-1,60};
int sum(){
    int i;
    for(i=0;i<N;i++)
        s+=buf[i];
    return s;
}
extern int s;
void main(){
```

```
            s=sum();
            printf("sum=%d\n",s);
    }
```
在某 32 位计算机上，数据采用小端对齐方式存储，用 GCC 编译驱动程序处理上述源程序，生成的可执行文件名为 test，使用"objdump -d test"得到 sum 函数的反汇编结果如下（提示：该汇编指令中加$表示常量，加%表示寄存器）。

```
8048448:    55                      push   %ebp
8048449:    89 e5                   mov    %esp, %ebp
804844b:    83 ec 10                sub    $0x10, %esp
804844e:    c7 45 fc 00 00 00 00    movl   $0x0, -0x4(%ebp)
8048455:    eb 1a                   jmp    8048471<sum+0x29>
8048457:    8b 45 fc                mov    -0x4(%ebp), %eax
804845a:    8b 14 05 dc 96 04 08    mov    0x80496dc(,%eax,4), %edx
8048461:    a1 f0 96 04 68          mov    0x80496f0, %eax
8048466:    01 d0                   add    %edx, %eax
8048468:    a3 f0 96 04 08          mov    %edx, 0x80496f0
804846d:    83 45 fc 01             addl   $0x1, -0x4(%ebp)
8048471:    83 7d fc 03             cmpl   $0x3, -0x4(%ebp)
8048475:    7e e0                   jle    8048457<sum+0xf>
8048477:    a1 f0 96 04 08          mov    0x80496f0, %eax
804847c:    c9                      leave
804847d:    c8                      ret
```

请回答下列问题：

1）已知数组 buf 的首址为 0x80496dc，则 0x80496dc、0x80496de 这两个存储单元的内容分别是什么（用十六进制表示）？

2）sum 函数机器代码占多少字节？8048455 处的指令是什么类型的指令？该指令对于指令流水线有什么影响？

3）设页大小为 4KB，则 sum 函数占据几页？页号分别为多少？

4）则在执行 sum 函数过程中，访问指令和访问数据各发生几次缺页？

47.（9 分）下图是三个计算机局域网 A、B 和 C，分别包含 10 台、8 台和 5 台计算机，通过路由器互联，并通过该路由器的接口 d 联入因特网。路由器各端口名分别为 a、b、c 和 d（假设端口 d 接入 IP 地址为 61.60.21.80 的互联网地址）。局域网 A 和局域网 B 共用一个 C 类网络 IP 地址 202.38.60.0，并将此 IP 地址中主机地址的高两位作为子网编号。局域网 A 的子网编号为 01，局域网 B 的子网编号为 10。IP 地址的低六位作为子网中的主机编号。局域网 C 的网络号是 202.38.61.0。请回答下列问题：

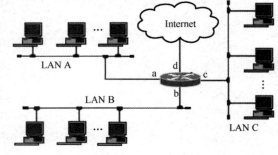

1）为每个网络的计算机和路由器的端口分配 IP 地址。

2）列出路由器的路由表。

3）若局域网 B 中的一主机要向局域网 B 广播一个分组，则写出该分组的目的 IP 地址。

4）若局域网 B 中的一主机要向局域网 C 广播一个分组，则写出该分组的目的 IP 地址。

绝密★启用前

全国硕士研究生入学统一考试

计算机科学与技术学科联考

计算机专业基础综合考试模拟试卷(六)

（科目代码：408）

考生注意事项

1. 答题前，考生在试题册指定位置上填写考生编号和考生姓名；在答题卡指定位置上填写报考单位、考生姓名和考生编号，并涂写考生编号信息点。

2. 考生须把试题册上的"试卷条形码"粘贴条取下，粘贴在答题卡的"试卷条形码粘贴位置"框中，不按规定粘贴条形码而影响评卷结果的，责任由考生自负。

3. 选择题的答案必须涂写在答题卡和相应题号的选项上，非选择题的答案必须书写在答题卡指定位置的边框区城内，超出答题区域书写的答案无效；在草稿纸、试题册上答题无效。

4. 填（书）写部分必须使用黑色字迹签字笔书写，字迹工整、笔迹清楚；涂写部分必须使用2B铅笔涂写。

5. 考试结束，将答题卡和试题册按规定交回。

（以下信息考生必须认真填写）

考生编号													
考生姓名													

一、单项选择题

第 01~40 小题，每小题 2 分，共 80 分。下列每题给出的四个选项中，只有一个选项最符合试题要求。

01. 保存静态链表的数组 a 中各元素的指针域 next 和数据域 data 如下图所示，a[0]视为头结点，不保存数据，链表中第 4 个结点（不算头结点）的数据是多少？（　　）。

数组下标	0	1	2	3	4	5	6
next	5	−1	3	1	6	4	2
data		15	37	8	51	24	92

    A．37　　　　　　　B．51　　　　　　　C．15　　　　　　　D．24

02. 一个栈的入栈顺序为 a, b, c, d，且第二个出栈的元素为 c，可能的出栈序列个数为（　　）。

    A．7　　　　　　　B．6　　　　　　　C．5　　　　　　　D．4

03. 循环队列用数组 A[0…m−1]存放其元素值，头尾指针分别为 front 和 rear，front 指向队头元素，rear 指向队尾元素的下一个元素，其移动按数组下标增大的方向进行（rear! = m−1 时），则当前队列中的元素个数是（　　）。

    A．(rear − front + m)%m　　　　　　　　　　B．(rear − front + 1)%m

    C．reard − front − 1　　　　　　　　　　　　D．rear − front

04. 将三对角矩阵 A 中三条对角线上的元素 $a_{i,j}$（$1 \leq i, j \leq n$）按行优先压缩存储在在数组 B 中，元素 $a_{i,j}$ 在 B 中的下标是（　　）。

    A．$2i + j − 2$　　　　B．$2i + j − 3$　　　　C．$i + 2j − 2$　　　　D．$i + 2j − 3$

05. 串'acaba'的 next 数组值为（　　）。

    A．01234　　　　　　B．01212　　　　　　C．01121　　　　　　D．01230

06. 由元素序列(27, 16, 75, 38, 51)构造平衡二叉树，则首次出现的最小不平衡子树的根（即离插入结点最近且平衡因子的绝对值为 2 的结点）是（　　）。

    A．27　　　　　　　B．38　　　　　　　C．51　　　　　　　D．75

07. 关于二叉排序树的说法错误的是（　　）。

    A．二叉排序树插入的新结点只能成为叶子结点

    B．二叉排序树删除的结点只能是叶子结点

    C．对二叉排序树中序遍历可以得到一个有序序列

    D．二叉排序树的查找效率与树高有关

08. 已知一个有向图的邻接表存储结构如右图所示，根据有向图的深度优先遍历算法，从顶点 1 出发，所得到的顶点序列是（　　）。

    A．1, 2, 3, 5, 4　　　　　　　　　B．1, 2, 3, 4, 5

    C．1, 3, 4, 5, 2　　　　　　　　　D．1, 4, 3, 5, 2

09. 下列关于散列表的说法中，不正确的有（　　）个。

    I．散列表的平均查找长度与处理冲突方法无关

    II．在散列表中，"比较"操作一般也是不可避免的

    III．散列表在查找成功时的平均查找长度与表长有关

    IV．若在散列表中删除一个元素，则只需简单地将该元素删除即可

    A．1　　　　　　　B．2　　　　　　　C．3　　　　　　　D．4

10. 堆排序分为两个阶段，其中第一阶段将给定的序列建成一个堆，第二阶段逐次输出堆顶元素。

设给定序列{48, 62, 35, 77, 55, 14, 35, 98}，若在堆排序的第一阶段将该序列建成一个堆（大根堆），那么交换元素的次数为（ ）。

    A．5　　　　　　　B．6　　　　　　　C．7　　　　　　　D．8

11．下列排序方法中，时间性能与待排序记录的初始状态无关的是（ ）。

    A．插入排序和快速排序　　　　　　　　B．归并排序和快速排序

    C．选择排序和归并排序　　　　　　　　D．插入排序和归并排序

12．冯·诺依曼机可以区分指令和数据的部件是（ ）。

    A．总线　　　　　　B．控制器　　　　　　C．控制存储器　　　　D．运算器

13．在 C 语言中，short 型的长度为 16 位，若编译器将一个 short 型变量 X 分配到一个 32 位寄存器 R 中，且 X = 0x8FA0，则 R 的内容为（ ）。

    A．0x00008FA0　　B．0xFFFF8FA0　　C．0xFFFFFFA0　　D．0x80008FA0

14．在某 32 位计算机中，全局变量 buf 的声明为 "int buf[4] = {−2, 103, −10, −20};"，假定 buf 的地址为 0x8049320，则地址 0x804932a 中的内容为（ ）。

    A．0000 0000　　　　　　　　　　　　　B．1111 1010

    C．1111 0101　　　　　　　　　　　　　D．1111 1111

15．在 C 语言中不同类型数据强制类型转换中，说法错误的是（ ）。

    A．从 int 转换成 float 时，数据可能会溢出

    B．从 int 转换成 double 时，数据不会溢出

    C．从 double 转换成 float 时，数据可能会溢出，也可能舍入

    D．从 double 转换成 int 时，数据可能舍入

16．某计算机的存储系统由 Cache-主存系统构成，Cache 的存取周期为 10ns，主存的存取周期为 50ns。在 CPU 执行一段程序时，Cache 完成存取的次数为 4800 次，主存完成的存取次数为 200 次，该 Cache−主存系统的效率是（ ）。（设 Cache 和主存不能同时访问。）

    A．0.833　　　　　　B．0.856　　　　　　C．0.958　　　　　　D．0.862

17．假设相对寻址的转移指令占两个字节，第一个字节是操作码，第二个字节是相对位移量，用补码表示。每当 CPU 从存储器取出一个字节时，即自动完成(PC) + 1→PC。若当前 PC 值为 2000H，2000H 处的指令为 JMP * −9（*为相对寻址特征），则执行完这条指令后，PC 值为（ ）。

    A．1FF7H　　　　　　B．1FF8H　　　　　　C．1FF9H　　　　　　D．1FFAH

18．以下硬件中，程序员不可见的是（ ）。

    A．程序状态字寄存器　　　　　　　　　B．Cache

    C．程序计数器　　　　　　　　　　　　D．内存

19．在计算机体系结构中，CPU 内部包括程序计数器 PC、存储器数据寄存器 MDR、指令寄存器 IR 和存储器地址寄存器 MAR 等。若 CPU 要执行的指令为 MOV R0, #100（即将数值 100 传送到寄存器 R0 中），则 CPU 首先要完成的操作是（ ）。

    A．100->R0　　　　　　　　　　　　　B．100->MDR

    C．PC->MAR　　　　　　　　　　　　D．PC->IR

20．某支持猝发传输的同步总线的时钟频率为 200MHz，宽度为 32 位，地址和数据线复用，每个时钟周期传输一个地址或数据，如果一次存储器读总线事务传输用的时间为 25ns，则本次传输的有效数据位数是（ ）。

    A．32 位　　　　　　B．160 位　　　　　　C．128 位　　　　　　D．256 位

21. 假定一个磁盘的转速为 6000rpm（转/分），平均寻道时间为 5ms，平均数据传输率为 4MB/s，不考虑排队等待时间，则读一个 512 字节扇区的平均时间约为（   ）。
   A．5.125ms   B．10.125ms   C．15.125ms   D．20.125ms

22. 通道方式的工作过程中，下列步骤的正确顺序是（   ）。
   ①组织 I/O 操作   ②向 CPU 发出中断请求   ③编制通道程序   ④启动 I/O 通道
   A．①→②→③→④   B．②→③→①→④
   C．④→③→②→①   D．③→④→①→②

23. 以下操作不能在用户态运行的是（   ）。
   A．算术运算指令   B．从内存取数指令
   C．输入输出指令   D．把运算结果送入内存

24. 设有 3 个作业，它们的到达时间和运行时间如下表所示，并在一台处理机上按单道方式运行。如按高响应比优先算法，则作业执行的次序和平均周转时间依次为（   ）。

作业号	提交时间	运行时间（小时）
1	8:00	2
2	8:30	1
3	9:30	0.25

   A．J_1, J_2, J_3, 1.73   B．J_1, J_3, J_2, 1.83
   C．J_1, J_2, J_3, 2.08   D．J_1, J_2, J_3, 1.83

25. 在某个十字路口，每个车道只允许一辆汽车通过，且允许直行、左拐和右拐，如图 1 所示。如果把各个方向的车视为进程，则需要对这些进程进行同步且保证尽可能多的车通过，那么这里临界资源个数至少应该有（   ）个。
   A．1   B．2   C．4   D．3

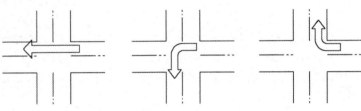

图 1 十字路口车道示意图

26. 设 *m* 为同类资源数，*n* 为系统中并发进程数。当 *n* 个进程共享 *m* 个互斥资源时，每个进程的最大需求是 *w*，则下列情况会出现系统死锁的是（   ）。
   A．*m* = 2, *n* = 1, *w* = 2   B．*m* = 2, *n* = 2, *w* = 1
   C．*m* = 4, *n* = 3, *w* = 2   D．*m* = 4, *n* = 2, *w* = 3

27. 某页式存储管理系统中，主存为 128KB，分成 32 块，块号为 0, 1, 2, 3, ⋯, 31；某作业有 5 块，其页号为 0, 1, 2, 3, 4，被分别装入主存的 3, 8, 4, 6, 9 块中。有一逻辑地址为[3, 70]（其中方括号中的第一个元素为页号，第二个元素为页内地址，均为十进制），则其对应的物理地址为（   ）。
   A．24646   B．24576   C．24070   D．670

28. 如下程序在页式虚存系统中执行，程序代码位于虚空间 0 页，A 为 128×128 的数组，在虚空间以行为主序存放，每页存放 128 个数组元素。工作集大小为 2 个页框（开始时程序代

码已在内存，占 1 个页框），用 LRU 算法，下面两种对 A 初始化的程序引起的页故障数分别为（　　）。

程序 1：

```
for(j=1;j<=128;j++)
    for(i=1;i<=128;i++)
        A[i][j]=0;
```

程序 2：

```
for(i=1;i<=128;i++)
    for(j=1;j<=128;j++)
        A[i][j]=0;
```

A．128×128, 128　　　　　　　　　　B．128, 128×128
C．64, 64×64　　　　　　　　　　　　D．64×64, 64

29．某虚拟存储器的用户空间为 1024 个页面，每页 1KB，主存 64KB。假设某时刻系统为用户的第 0, 1, 2, 3 页分别分配的物理块为 5, 10, 4, 7，则虚拟地址 0x00A6F 对应的物理地址是（　　）。

A．0x126F　　　　B．0x166F　　　　C．0x2A6F　　　　D．0x1E6F

30．下列叙述中，错误的是（　　）。

I．索引顺序文件也是一种特殊的顺序文件，因此通常存放在磁带上
II．索引顺序文件既能顺序访问，又能随机访问
III．存储在直接存取存储器上面的文件也能顺序访问，但一般效率较差
IV．在磁带上的顺序文件中添加新记录时，必须复制整个文件

A．I 和 IV　　　　B．II 和 IV　　　　C．I 和 II　　　　D．I、III 和 IV

31．下列描述中，不是设备管理的功能的是（　　）。

A．实现外围设备的分配与回收　　　　B．实现虚拟设备
C．实现"按名存取"　　　　　　　　　D．实现对磁盘的驱动调度

32．磁盘将一块数据传送到缓冲区所用的时间为 80μs，将缓冲区中数据传送到用户区所用的时间为 40μs，CPU 处理一个块数据所用的时间为 30μs。如果需要连续处理多块数据，采用单缓冲区传送磁盘数据，则处理一块数据所用平均时间约为（　　）。

A．110μs　　　　B．150μs　　　　C．120μs　　　　D．70μs

33．在网络参考模型中，上层协议实体与下层协议实体之间的逻辑接口称为服务访问点（SAP）。在以太网帧中，（　　）属于数据链路层的服务访问点。

A．类型字段　　　　　　　　　　　　B．目的地址字段
C．协议字段　　　　　　　　　　　　D．端口号字段

34．设信道带宽为 4kHz，信噪比为 30dB，按照香农定理，信道的最大数据速率约等于（　　）。

A．10kbps　　　　B．20kbps　　　　C．30kbps　　　　D．40kbps

35．采用 GBN 帧协议，接收窗口内的序号为 4 时，接收到正确的 5 号帧应该（　　）。

A．丢弃 5 号帧　　　　　　　　　　　B．将窗口滑动到 5 号
C．将 5 号帧缓存下来　　　　　　　　D．将 5 号帧交给上层处理

36．信道速率为 4kbps，采用停止-等待协议。设传播时延 t=20ms，确认帧长度和处理时间均可忽略。若信道的利用率达到至少 50%，则帧长至少为（　　）。

A．40bit　　　　B．80bit　　　　C．160bit　　　　D．320bit

37．TCP/IP 网络中，某主机的 IP 地址为 130.25.3.135，子网掩码为 255.255.255.192，那么该主机所在的子网的网络地址是（　　），该子网最大可分配地址个数是（　　）。

第 5 页（共 8 页）

A. 130.25.0.0, 30   B. 130.25.3.0, 30
C. 130.25.3.128, 62   D. 130.25.3.255, 126

38. IPv4 数据报的首部字段中，在一般的路由器转发时，不发生变更的字段是（   ）。
A. 源地址   B. 生存期   C. 总长度   D. 首部校验和

39. TCP 协议在连接关闭的过程中，为了避免旧的 TCP 报文段对后续连接产生错误干扰而使用的状态是（   ）。
A. TIME-WAIT   B. FIN-WAIT-2
C. FIN-WAIT-1   D. CLOSED

40. 以下协议不是应用层协议的是（   ）。
A. ICMP   B. DNS
C. RIP   D. BGP

二、综合应用题

第41～47题，共70分。

41. （9分）对于一个堆栈，若其入栈序列为 1, 2, 3, ⋯, n，不同的出入栈操作将产生不同的出栈序列。其出栈序列的个数正好等于结点个数为 n 的二叉树的个数，且与不同形态的二叉树一一对应。请简要叙述一种从堆栈输入（固定为 1, 2, 3, ⋯, n）/输出序列对应一种二叉树形态的方法，并以入栈序列 1, 2, 3（即 $n = 3$）为例加以说明。

42. （14分）已知长度为 n（$n > 1$）的单链表，表头指针为 L，结点结构由 data 和 next 两个域构成，其中 data 域为字符型。试设计一个在时间和空间两方面都尽可能高效的算法，判断该单链表是否中心对称（例如 xyx、xxyyxx 都是中心对称的），要求：
1) 给出算法的基本设计思想。
2) 根据设计思想，采用 C 或 C++或 Java 语言描述算法，关键之处给出注释。
3) 说明你所设计算法的时间复杂度和空间复杂度。

43. （10分）已知 32 位寄存器中存放的变量 x 的机器码为 C0000004H，请问：
1) 当 x 是无符号整数时，x 的真值是多少？$x/2$ 的真值是多少？$x/2$ 存放在 R_1 中的机器码是什么？$2x$ 的真值是多少？$2x$ 存放在 R_1 中的机器码是什么？
2) 当 x 是带符号整数（补码）时，x 的真值是多少？$x/2$ 的真值是多少？$x/2$ 存放在 R_1 中的机器码是什么？$2x$ 的真值是多少？$2x$ 存放在 R_1 中的机器码是什么？
3) 当 x 是 float 型浮点数时，x 的真值是多少？$x/2$ 的真值是多少？$x/2$ 存放在 R_1 中的机器码是什么？$2x$ 的真值是多少？$2x$ 存放在 R_1 中的机器码是什么？

44. （13分）假定一个计算机系统中有 TLB 和 Cache。该系统按字节编址，虚拟地址 16 位，物理地址 13 位，页大小为 256B；TLB 为四路组相联，共有 16 个页表项；Cache 采用直接映射方式，块大小为 4B，共 16 行。在系统运行到某一时刻时，TLB、页表和 Cache 中的部分内容（十六进制）如表(a)～(c)所示。

组号	标记	页框号	有效位	标记	页框号	有效位	标记	页框号	有效位	标记	页框号	有效位
0	03	–	0	09	0D	1	00	–	0	01	02	1
1	03	2D	1	02	–	0	01	13	1	0A	–	0
2	02	–	0	01	19	1	06	–	0	03	–	0
3	01	11	1	63	0D	1	0A	34	1	72	–	0

(a) TLB（4路组相联）：4组、16个页表项

虚页号	页框号	有效位
00	08	1
01	03	1
02	14	1
03	02	1
04	–	0
05	16	1
06	19	1
07	07	1
08	13	1
09	17	1
0A	09	1
0B	–	0
0C	–	0
0D	–	0
0E	11	1
0F	0D	1

(b) 部分页表：（开始16项）

行索引	标记	有效位	字节3	字节2	字节1	字节0
0	19	1	12	56	C9	AC
1	–	0	–	–	–	–
2	1B	1	03	45	12	CD
3	–	0	–	–	–	–
4	32	1	23	34	C2	2A
5	0D	1	46	67	23	3D
6	–	0	–	–	–	–
7	16	1	12	54	65	DC
8	24	1	23	62	12	3A
9	–	0	–	–	–	–
A	2D	1	43	62	23	C3
B	–	0	–	–	–	–
C	12	1	76	83	21	35
D	16	1	A3	F4	23	11
E	65	1	2D	4A	45	55
F	–	0	–	–	–	–

(c) Data Cache：直接映射，共16行，块大小为4B

请回答下列问题：

1）虚拟地址中哪几位表示虚拟页号？哪几位表示页内偏移量？虚拟页号中哪几位表 TLB 标记？哪几位表示 TLB 索引？

2）物理地址中哪几位表示物理页号？哪几位表示页内偏移量？

3）主存（物理）地址如何划分成标记字段、行索引字段和块内地址字段？

4）CPU 从地址 067AH 中取出的 short 型值（16bit–小端方式）为多少？说明 CPU 读取地址 067AH 中内容的过程。

45.（7分）系统有 5 个进程，其就绪时刻（指在该时刻已进入就绪队列）、服务时间如下表所示。分别计算采用先来先服务、短作业优先、高响应比优先的平均周转时间和平均带权周转时间。

进程	就绪时刻	服务时间	进程	就绪时刻	服务时间
P_1	0	3	P_4	6	5
P_2	2	6	P_5	8	2
P_3	4	4			

46.（8分）某一个计算机系统采用虚拟页式存储管理方式，当前在处理机上执行的某一个进程的页表如下所示，所有的数字均为十进制数，每项的起始编号是 0，并且所有的地址均按字节编址，每页的大小为 1024B。

逻辑页号	存在位	引用位	修改位	页框号
0	1	1	0	4
1	1	1	1	3
2	0	0	0	—
3	1	0	0	1
4	0	0	0	—
5	1	0	1	5

1）将下列逻辑地址转换为物理地址，写出计算过程，对不能计算的说明为什么？
0793，1197，2099，3320，4188，5332

2）假设程序欲访问第 2 页，页面置换算法为改进的 CLOCK 算法，此时页框已经分配完，请问该淘汰哪页？页表如何修改？页表修改后 1）问中地址的转换结果是否改变？变成多少？

47．（9 分）TCP 的拥塞窗口 cwnd 大小与传输轮次 n 的关系如下所示：

cwnd	1	2	4	8	16	32	33	34	35	36	37	38	39
n	1	2	3	4	5	6	7	8	9	10	11	12	13
cwnd	40	41	42	21	22	23	24	25	26	1	2	4	8
n	14	15	16	17	18	19	20	21	22	23	24	25	26

1）画出 TCP 的拥塞窗口与传输轮次的关系曲线。
2）分别指明 TCP 工作在慢开始阶段和拥塞避免阶段的时间间隔。
3）在第 16 轮次和第 22 轮次之后发送方是通过收到三个重复的确认还是通过超时检测到丢失了报文段？
4）在第 1 轮次、第 18 轮次和第 24 轮次发送时，门限 ssthresh 分别被设置为多大？
5）在第几轮次发送出第 70 个报文段？
6）假定在第 26 轮次之后收到了三个重复的确认，因而检测出了报文段的丢失，那么拥塞窗口 cwnd 和门限 ssthresh 应设置为多大？

绝密★启用前

全国硕士研究生入学统一考试

计算机科学与技术学科联考

计算机专业基础综合考试模拟试卷(七)

（科目代码：408）

考生注意事项

1. 答题前，考生在试题册指定位置上填写考生编号和考生姓名；在答题卡指定位置上填写报考单位、考生姓名和考生编号，并涂写考生编号信息点。

2. 考生须把试题册上的"试卷条形码"粘贴条取下，粘贴在答题卡的"试卷条形码粘贴位置"框中，不按规定粘贴条形码而影响评卷结果的，责任由考生自负。

3. 选择题的答案必须涂写在答题卡和相应题号的选项上，非选择题的答案必须书写在答题卡指定位置的边框区城内，超出答题区域书写的答案无效；在草稿纸、试题册上答题无效。

4. 填（书）写部分必须使用黑色字迹签字笔书写，字迹工整、笔迹清楚；涂写部分必须使用2B铅笔涂写。

5. 考试结束，将答题卡和试题册按规定交回。

（以下信息考生必须认真填写）

考生编号															
考生姓名															

一、单项选择题

第 01～40 小题，每小题 2 分，共 80 分。下列每题给出的四个选项中，只有一个选项最符合试题要求。

01. 设 n 是描述问题规模的正整数，则下列程序段的时间复杂度是（　　）。
```
i=n*n;
while(i!=1)
    i=i/2;
```
　A．$O(\log_2 n)$　　　B．$O(n)$　　　C．$O(\sqrt{n})$　　　D．$O(n^2)$

02. 假设栈的容量为 3，入栈的序列为 1，2，3，4，5，则出栈的序列可能为（　　）。
　A．3，2，1，5，4　　B．1，5，4，3，2　　C．5，4，3，2，1　　D．4，3，2，1，5

03. 已知循环队列保存在数组 A[0..m−1] 中，f 指向队头元素，r 指向队尾元素下一个元素，则队列中的元素个数为（　　）。
　A．$(r-f+m)\%(m-1)$　　　　　B．$(r-f+1)\%(m-1)$
　C．$(r-f+m)\% m$　　　　　　D．$(r-f+1+m)\% m$

04. 已知字符串 S 为 "aabaabcabc"，模式串 T 为 "aaabc"。使用 nextval 优化后的 KMP 算法进行匹配，若匹配到 $i=2$ 且 $j=2$ 时，失配（$S[i]\neq T[j]$）。则下次开始匹配时，i 和 j 分别是（　　）。
　A．2，2　　　　B．2，1　　　　C．3，0　　　　D．3，2

05. 前序遍历和中序遍历结果相同的二叉树为（　　）。
　Ⅰ．只有根结点的二叉树　　　　Ⅱ．根结点无右孩子的二叉树
　Ⅲ．所有结点只有左子树的二叉树　Ⅳ．所有结点只有右子树的二叉树
　A．仅 Ⅰ　　　B．Ⅰ、Ⅱ 和 Ⅳ　　C．Ⅰ 和 Ⅲ　　D．Ⅰ 和 Ⅳ

06. 含有 4 个元素值均不相同的结点的二叉排序树有（　　）种。
　A．4　　　　B．6　　　　C．10　　　　D．14

07. 含有 16 个结点的平衡二叉树最大深度为（　　）。
　A．4　　　　B．5　　　　C．6　　　　D．7

08. 相比邻接矩阵，下列算法使用邻接表效率更高的是（　　）。
　Ⅰ．拓扑排序　　　　　　　　Ⅱ．广度优先搜索
　Ⅲ．深度优先搜索　　　　　　Ⅳ．普里姆（Prim）算法
　A．Ⅱ、Ⅲ　　B．Ⅰ、Ⅱ　　C．Ⅰ、Ⅱ、Ⅲ、Ⅳ　　D．Ⅱ

09. 折半查找有序表 (2, 10, 25, 35, 40, 65, 70, 75, 81, 82, 88, 100)，若查找元素 75，需依次与表中元素（　　）进行比较。
　A．65，82，75　　B．70，82，75　　C．65，81，75　　D．65，81，70，75

10. 如果从下图的堆中删除值为 11 的结点，那么值为 70 的结点将出现在图中的（　　）位置。

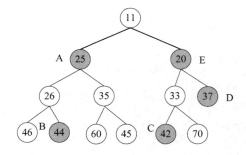

　A．A　　　　B．B　　　　C．C　　　　D．D　　　　E．E

11. 18 个初始归并段进行 5 路平衡归并，需要增加（　　）个虚拟归并段。

A. 1　　　　　　　　B. 2　　　　　　　　C. 3　　　　　　　　D. 4

12. 下列有关计算机运算速度衡量指标的描述中，正确的是（　　）。

A. MIPS 大的机器一定比 MIPS 小的机器快

B. CPU 的主频越高速度越快

C. 执行不同的程序，测得的同一台计算机的 CPI 可能不同

D. CPU 执行程序的时间就是观测到用户程序的执行时间

13. 设机器数字长 16 位，有一个 C 语言程序段如下：

```
int n=0xA1B6;
unsigned int m=n;
m>>1;        //m 右移一位
```

机内数据按大端方式存储，则在执行完该段程序后，m 在机器内存里的结构为（　　）。

A. 50DBH　　　　　B. BD05H　　　　　C. A1B6H　　　　　D. D0DBH

14. 下列叙述中正确的是（　　）。

I. 定点补码运算时，其符号位不参加运算

II. 浮点运算可由阶码运算和尾数运算两部分组成

III. 阶码部件在乘除运算时只进行加、减操作

IV. 浮点数的正负由阶码的正负符号决定

V. 尾数部件只进行乘除运算

A. I、II 和 III　　B. I、II 和 V　　C. II、III 和 IV　　D. II 和 III

15. 下列关于 ROM 和 RAM 的说法中，错误的是（　　）。

I. CD-ROM 是 ROM 的一种，因此只能写入一次

II. Flash 快闪存储器属于随机存取存储器，具有随机存取的功能

III. RAM 的读出方式是破坏性读出，因此读后需要再生

IV. SRAM 读后不需要刷新，而 DRAM 读后需要刷新

A. I 和 II　　　　　B. I、III 和 IV　　C. II 和 III　　　　D. I、II 和 III

16. 下列关于 Cache 和虚拟存储器的说法中，错误的有（　　）。

I. 当 Cache 失效（即不命中）时，处理器将会切换进程，以更新 Cache 中的内容

II. 当虚拟存储器失效（如缺页）时，处理器将会切换进程，以更新主存中的内容

III. Cache 和虚拟存储器由硬件和 OS 共同实现，对应用程序员均是透明的

IV. 虚拟存储器的容量等于主存和辅存的容量之和

A. I 和 IV　　　　　B. III 和 IV　　　C. I、II 和 III　　D. I、III 和 IV

17. 下列关于各种寻址方式获取操作数快慢的说法中，正确的是（　　）。

I. 立即寻址快于堆栈寻址　　　　　　　II. 堆栈寻址快于寄存器寻址

III. 寄存器一次间接寻址快于变址寻址　　IV. 变址寻址快于一次间接寻址

A. I 和 IV　　　　　B. II 和 III　　　C. I、III 和 IV　　D. III 和 IV

18. 假定某计算机系统的 CPU 内部采用单总线结构，其指令的取指周期由以下微操作序列实现，即

a. MAR←(PC)

b. MDR←Memory, Read

c. PC←(PC) + 1

d. IR←(MDR)

一种较好的设计是为其安排（　　）个节拍周期。

A．1　　　　　　B．2　　　　　　C．3　　　　　　D．4

19．某机采用微程序控制方式，微指令字长 24 位，采用水平型编码控制的微指令格式，断定方式。共有微命令 30 个，构成 4 个互斥类，各包含 5 个、8 个、14 个和 3 个微命令，外部条件共 3 个，则控制存储器的容量应该为（　　）。

A．256×24bit　　B．30×24bit　　C．31×24bit　　D．24×24bit

20．流水线计算机中，下列语句发生的数据相关类型是（　　）。

ADD　R1, R2, R3; (R2) + (R3)→R1
ADD　R4, R1, R5; (R1) + (R5)→R4

A．写后写　　　　B．读后写　　　　C．写后读　　　　D．读后读

21．假设某计算机的时钟频率为 20MHz，其系统总线可并行传输 4 字节信息，一个总线周期占用两个时钟周期，则总线带宽是（　　）。

A．80Mbps　　　B．160Mbps　　　C．240Mbps　　　D．320Mbps

22．对于单 CPU 单通道工作过程，下列可以完全并行工作的是（　　）。

A．程序和程序之间　　　　　　　　B．程序和通道之间
C．程序和设备之间　　　　　　　　D．设备和设备之间

23．用户在编写程序时计划读取某个数据文件中的 20 个数据块记录，他使用操作系统提供的接口是（　　）。

A．系统调用　　B．图形用户接口　　C．原语　　D．命令行输入控制

24．下列描述中，哪个不是多线程系统的特长（　　）。

A．利用线程并行地执行矩阵乘法运算
B．Web 服务器利用线程请求 HTTP 服务
C．键盘驱动程序为每个正在运行的应用配备一个线程，用来响应相应的键盘输入
D．基于 GUI 的 debugger 用不同线程处理用户的输入、计算、跟踪等操作。

25．以下选项关于进程的说法中，正确的是（　　）。

A．一个进程状态的变化总会引起其他进程状态的变化
B．时间片轮转算法中当前进程的时间片结束后会由运行态变为阻塞态
C．进程是调度的基本单位
D．PCB 是进程存在的唯一标志

26．假设系统有 5 个进程，A、B、C 三类资源。某时刻进程和资源状态如下：

	Allocation	Max	Available
	A　B　C	A　B　C	A　B　C
P_1	2　1　2	5　5　9	2　3　3
P_2	4　0　2	5　3　6	
P_3	4　0　5	4　0　11	
P_4	2　0　4	4　2　5	
P_5	3　1　4	4　2　4	

下面叙述正确的是（　　）。

A．系统不安全
B．该时刻，系统安全，安全序列为<P_1, P_2, P_3, P_4, P_5>

C．该时刻，系统安全，安全序列为<P_2, P_3, P_4, P_5, P_1>

D．该时刻，系统安全，安全序列为<P_4, P_5, P_1, P_2, P_3>

27．某个计算机采用动态分区来分配内存，经过一段时间的运行，现在在内存中依地址从小到大存在 100KB、450KB、250KB、200KB 和 600KB 的空闲分区中。分配指针现指向地址起始点，继续运行还会有 212KB、417KB、112KB 和 426KB 的进程申请使用内存，那么，能够完全完成分配任务的算法是（　　）。

A．首次适应算法
B．邻近适应算法
C．最佳适应算法
D．最坏适应算法

28．某操作系统采用可变分区分配存储管理方法，操作系统占用低地址部分的 126KB。用户区大小为 386KB，且用户区始址为 126KB，用空闲分区表管理空闲分区。若分配时采用分配空闲区高地址部分的方案，且初始时用户区的 386KB 空间空闲，对申请序列：作业 1 申请 80KB，作业 2 申请 56KB，作业 3 申请 120KB，作业 1 释放 80KB，作业 3 释放 120KB，作业 4 申请 156KB，作业 5 申请 81KB。若采用首次适应算法处理上述序列，则最小空闲块的大小为（　　）。

A．12KB
B．13KB
C．89KB
D．56KB

29．一个 64 位的计算机系统中，地址线宽为 64 位，实际使用的虚拟地址空间的大小是 2^{48}，若采用虚拟页式存储管理，每页的大小为 2^{13}，即 8KB，页表表项长为 8B，采用多级页表进行管理，则多级页表的级次最小是（　　）。

A．3
B．4
C．5
D．6

30．在文件系统中，"Open"系统调用的主要功能是（　　）。

A．把文件的内容从外存读入内存
B．把文件控制信息从外存读入内存
C．把文件的 FAT 表从外存读入内存
D．把磁盘的超级块从外存读到内存

31．磁盘调度算法中，（　　）算法可能会随时改变磁头臂的运动方向。

A．C-LOOK
B．SCAN
C．C-SCAN
D．最短寻道时间优先

32．单级中断系统中，CPU 一旦响应中断，应立即执行下面的动作，以避免在中断响应的过程中响应其他中断源造成的干扰（　　）。

A．关中断
B．清除中断请求标志
C．禁止 DMA
D．清除该中断源的中断屏蔽位

33．关于 OSI 模型和 TCP/IP 模型在网络层和传输层提供的服务，正确的说法是（　　）。

A．OSI 共用参考模型在网络层提供无连接和面向连接服务，在传输层提供面向连接服务
B．TCP/IP 模型在网络层提供无连接服务，在传输层提供面向连接服务
C．OSI 共用参考模型在网络层和传输层均可提供无连接和面向连接服务
D．TCP/IP 模型在网络层提供无连接和面向连接服务，在传输层提供面向连接服务

34．一个 2Mbps 的网络，线路长度为 1km，传输速度为 20m/ms，分组大小为 100 字节，应答帧大小可以忽略。若采用"停止-等待"协议，则实际数据速率是（　　）。

A．2Mbps
B．1Mbps
C．8kbps
D．16kbps

35．在 CSMA/CD 协议中，下列指标与冲突时间没有关系的是（　　）。

A．检测一次冲突所需要的最长时间
B．最小帧长度
C．最大帧长度
D．最大帧碎片长度

36．当路由器接收到一个 1500B 的 IP 数据报时，需要将其转发到 MTU 为 980 的子网，分片后产生两个 IP 数据报，长度分别是（　　）。（首部长度为 20B。）

A．750, 750
B．980, 520
C．980, 540
D．976, 544

37. 下图中，主机 A 发送一个 IP 数据报给主机 B，通信过程中以太网 1 上出现的以太网帧中承载一个 IP 数据报，该以太网帧中的目的地址和 IP 报头中的目的地址分别是（ ）。

    A．B 的 MAC 地址，B 的 IP 地址　　　　B．B 的 MAC 地址，R₁ 的 IP 地址
    C．R₁ 的 MAC 地址，B 的 IP 地址　　　　D．R₁ 的 MAC 地址，R₁ 的 IP 地址

38. 路由器收到一个数据包，其目的地址为 195.26.17.4，该地址可能属于（ ）子网。
    A．195.26.0.0/21　　　　　　　　　　B．195.26.16.0/20
    C．195.26.8.0/22　　　　　　　　　　D．195.26.20.0/22

39. 下列关于 TCP 协议的叙述中，错误的是（ ）。
    I．TCP 是一个点到点的通信协议
    II．TCP 提供了无连接的可靠数据传输
    III．TCP 将来自上层的字节流组织成 IP 数据报，然后交给 IP 协议
    IV．TCP 将收到的报文段组成字节流交给上层
    A．I 和 III　　　　　　　　　　　　　B．I、II 和 III
    C．II 和 III　　　　　　　　　　　　　D．I、II、III 和 IV

40. 假设一个应用每秒产生 60 字节的数据块，每个数据块被封装在一个 TCP 报文中，然后封装到一个 IP 数据报中。那么最后每个数据报所含应用数据所占的百分比最大是（ ）。
    A．20%　　　　B．40%　　　　C．60%　　　　D．80%

二、综合应用题

第 41～47 题，共 70 分。

41. （10 分）下图所示是一带权有向图的邻接表。其中出边表中的每个结点均含有三个字段，依次为边的另一个顶点在顶点表中的序号、边上的权值和指向下一个边结点的指针。试求：

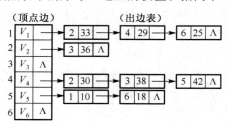

    1）该带权有向图的图形。
    2）以顶点 V_1 为起点的广度优先搜索的顶点序列及对应的生成树。
    3）以顶点 V_1 为起点的深度优先搜索生成树。
    4）由顶点 V_1 到顶点 V_3 的最短路径。
    5）若将该图视为无向图，用 Prim 算法给出图 G 的一棵最小生成树的生成过程。

42. （13 分）在数组中，某个数字减去它右边的数字得到一个数对之差。求所有数对之差的最大值。

例如，在数组{2, 4, 1, 16, 7, 5, 11, 9}中，数对之差的最大值是11，是16减去5的结果。

1）给出算法的基本设计思想。

2）根据设计思想，采用 C 或 C++语言描述算法，关键之处给出注释。

3）说明你所设计算法的时间复杂度。

43.（12 分）某 C 语言语句 "for (i = 0; i < N; i++) sum = sum + a[i];"，其中数组 a 有 N 个元素，N = 100，假定数组 a 中的每个元素都是 int 类型，依次连续存放在首地址为 0x0000 0800 的内存区域中，sizeof(int) = 4。运行上述代码的处理器带有一个数据区容量为 64KB 的 data cache，其主存块大小为 256B，采用直接映射、随机替换和写直达方式；可寻址的最大主存地址空间为 4GB，配置的主存容量为 2GB，按字节编址。请回答下列问题：

1）主存地址至少占几位？

2）data cache 共有多少行？主存地址如何划分？

3）数组 a 占用几个主存块？所存放的主存块号分别是什么？

4）在访问数组 a 的过程中 data cache 的缺失率为多少？

44.（11 分）设某计算机有变址寻址、间接寻址和相对寻址等寻址方式，一个指令字长等于一个存储字。设当前指令的地址码部分为 001AH，正在执行的指令所在地址为 1F05H，变址寄存器中的内容为 23A0H。已知存储器的部分地址及相应内容如下表所示。

地址	内容	地址	内容
001AH	23A0H	23A0H	2600H
1F05H	2400H	23BAH	1748H
1F1FH	2500H		

1）当执行取数指令时，若采用变址寻址方式，则取出的数为多少？

2）若采用间接寻址，则取出的数为多少？

3）设计算机每取一个存储字 PC 自动加 1，转移指令采用相对寻址，当执行转移指令时，转移地址为多少？若希望转移到 23A0H，则指令的地址码部分应设为多少？

45.（7 分）一名主修动物行为学、辅修计算机科学的学生参加了一个课题，调查花果山的猴子是否能被教会理解死锁。他找到一处峡谷，横跨峡谷拉了一根绳索（假设为南北方向），这样猴子就可以攀着绳索越过峡谷。只要它们朝着相同的方向，同一时刻就可以有多只猴子通过。但是如果在相反的方向上同时有猴子通过则会发生死锁（这些猴子将被卡在绳索中间，假设这些猴子无法在绳索上从另一只猴子身上翻过去）。如果一只猴子想越过峡谷，它必须看当前是否有别的猴子在逆向通过。请用 P、V 操作来解决该问题。

46.（8 分）设一个没有设置快表的虚拟页式存储系统，页面大小为 100B。一个仅有 460B 的程序有下述内存访问序列（下标从 0 开始）：10, 11, 104, 170, 73, 309, 185, 245, 246, 434, 458, 364，为该程序分配有 2 个可用页帧（Page frame）。试问：

1）试叙述缺页中断与一般中断的主要区别。
2）若分别采用 FIFO 和 LRU 算法，则访问过程中发生多少次缺页中断？
3）若一次访存的时间是 10ms，平均缺页中断处理时间为 25ms，为使该虚拟存系统的平均有效访问时间不大于 22ms，则可接受的最大缺页中断率是多少？

47．（9 分）主机 A 向主机 B 连续发送了 3 个 TCP 报文段。第 1 个报文段的序号为 90，第 2 个报文段的序号为 120，第 3 个报文段的序号为 150。请回答：
1）第 1、2 个报文段携带了多少字节的数据？
2）主机 B 收到第 2 个报文段后，发回的确认中的确认号应该是多少？
3）如果主机 B 收到第 3 个报文段后，发回的确认中的确认号是 200，试问 A 发送的第 3 个报文段中的数据有多少字节？
4）如果第 2 个报文段丢失，而其他两个报文段正确到达了主机 B。那么主机 B 在第 3 个报文段到达后，发往主机 A 的确认报文中的确认号应该是多少？

绝密★启用前

全国硕士研究生入学统一考试

计算机科学与技术学科联考

计算机专业基础综合考试模拟试卷(八)

（科目代码：408）

考生注意事项

1. 答题前，考生在试题册指定位置上填写考生编号和考生姓名；在答题卡指定位置上填写报考单位、考生姓名和考生编号，并涂写考生编号信息点。

2. 考生须把试题册上的"试卷条形码"粘贴条取下，粘贴在答题卡的"试卷条形码粘贴位置"框中，不按规定粘贴条形码而影响评卷结果的，责任由考生自负。

3. 选择题的答案必须涂写在答题卡和相应题号的选项上，非选择题的答案必须书写在答题卡指定位置的边框区城内，超出答题区域书写的答案无效；在草稿纸、试题册上答题无效。

4. 填（书）写部分必须使用黑色字迹签字笔书写，字迹工整、笔迹清楚；涂写部分必须使用2B 铅笔涂写。

5. 考试结束，将答题卡和试题册按规定交回。

（以下信息考生必须认真填写）

考生编号															
考生姓名															

一、单项选择题

第 01～40 小题，每小题 2 分，共 80 分。下列每题给出的四个选项中，只有一个选项最符合试题要求。

01． 若一个栈的入栈顺序为 1, 2, 3, 4，那么能得到（ ）种不同的出栈顺序。
　　A．10　　　　　　B．20　　　　　　C．14　　　　　　D．15

02． 6 个元素以 6, 5, 4, 3, 2, 1 的顺序进栈，下列不合法的出栈序列是（ ）。
　　A．5, 4, 3, 6, 1, 2　　　　　　　　B．4, 5, 3, 1, 2, 6
　　C．3, 4, 6, 5, 2, 1　　　　　　　　D．2, 3, 4, 1, 5, 6

03． 假设以数组 A[50]存放循环队列的元素，front 指向队头元素，rear 指向队尾元素，rear = 26，当前队列有 40 个元素，则 front 为（ ）。
　　A．38　　　　　　B．35　　　　　　C．36　　　　　　D．37

04． 设有一个 10 阶对称矩阵 A，采用压缩存储方式，以行序为主存储，$a_{1,1}$ 为第一个元素，其存储地址为 1，每个元素占一个地址空间，则 $a_{8,5}$ 的地址可能是（ ）。
　　A．13　　　　　　B．33　　　　　　C．18　　　　　　D．40

05． 一般说来，当深度为 k 的 n 个结点的二叉树具有最小路径长度时，第 k 层（根为第 1 层）上的结点数为（ ）。
　　A．$n - 2^{k-2} + 1$　　　　　　　　B．$n - 2^{k-1} + 1$
　　C．$n - 2^k + n$　　　　　　　　　D．$n - 2^{k-1}$

06． 给定以下选项的序列，不能唯一地确定一棵二叉树的是（ ）。
　　A．先序序列和中序序列
　　B．后序序列和中序序列
　　C．中序序列和层序序列
　　D．先序序列和层序序列

07． 以下列选项给出的序列顺序插入生成二叉排序树，对应树高度最高的是（ ）。
　　A．52, 48, 90, 42, 37, 8, 21, 30
　　B．90, 48, 52, 42, 30, 21, 37, 8
　　C．52, 90, 37, 30, 21, 8, 48, 42
　　D．37, 8, 30, 21, 52, 48, 42, 90

08． 若一个连通图有 n 个顶点，e 条边，则应该删去（ ）条边才能构成一棵生成树？
　　A．$e - n$　　　　　　　　　　　　B．$e - 2n$
　　C．$e - n + 1$　　　　　　　　　　D．$e - n - 1$

09． 在具有 n 个顶点的图 G 中，若最小生成树不唯一，则（ ）。
　　A．G 的边数一定大于 $n - 1$
　　B．G 的权值最小的边一定有多条
　　C．G 的最小生成树代价不一定相等
　　D．上述选项都不对

10． 如果要求一个线性表既能较快地查找，又能适应动态变化的要求，最好采用（ ）。
　　A．顺序查找　　　　　　　　　　　B．折半查找
　　C．分块查找　　　　　　　　　　　D．哈希查找

11. 关于红黑树和 AVL 树的说法中正确的是（　　）

    A. 红黑树查找比 AVL 树快

    B. 红黑树插入和删除时旋转次数比 AVL 树多

    C. 红黑树的结构比 AVL 树更加平衡

    D. 红黑树和 AVL 树的插入、删除操作的时间复杂度都是 $O(\log n)$

12. 下列关于指令字长、机器字长和存储字长的说法中，正确的是（　　）。

    I. 指令字长等于机器字长的前提下，取指周期等于机器周期

    II. 指令字长等于存储字长的前提下，取指周期等于机器周期

    III. 指令字长和机器字长的长度没有必然联系

    IV. 为了硬件设计方便，指令字长都和存储字长一样大

    A. I、III 和 IV   B. II、III 和 IV

    C. II 和 III   D. I 和 IV

13. 某计算机按字节编址，采用小端方式存储信息。其中，某指令的一个操作数为 16 位，该操作数采用基址寻址方式，指令中形式地址（用补码表示）为 FF00H，当前基址寄存器的内容为 C000 0000H，则该操作数的 LSB 存放的地址是（　　）。

    A. BFFF FF00H   B. BFFF FF01H

    C. C000 FF00H   D. C000 FF01H

14. 某 IEEE 754 单精度浮点数的机器码为 42E48000H，则它的真值为（　　）。

    A. 114.25   B. 50.25

    C. 57.125   D. 28.5625

15. 一个八体低位交叉存储器，每个存储体的容量为 256M×64 位，若每个体的存储周期为 80ns，那么该存储器能提供的最大带宽是（　　）。

    A. 426.67MBps   B. 800MBps

    C. 213.33MBps   D. 400MBps

16. 下列因素中，与 Cache 的命中率无关的是（　　）。

    A. Cache 块的大小   B. Cache 的容量

    C. Cache 的存取速度   D. Cache 的组织方式

17. 在通用计算机指令系统的二地址指令中，操作数的物理位置可安排在（　　）。

    I. 一个主存单元和缓冲存储器   II. 两个数据寄存器

    III. 一个主存单元和一个数据寄存器   IV. 一个数据寄存器和一个控制存储器

    V. 一个主存单元和一个外存单元

    A. II、III 和 IV   B. II、III

    C. I、II 和 III   D. I、II、III 和 V

18. 下列部件不属于运算器的是（　　）。

    A. 状态寄存器   B. 通用寄存器

    C. ALU   D. 数据高速缓存

19. 设指令由取指、分析、执行三个子部件完成，每个子部件的工作周期均为 1t，采用常规标量流水线处理机。若连续执行 10 条指令，则需要的时间是（　　）。

    A. 8lt   B. 10lt

    C. 12lt   D. 14lt

20. 动态重定位是在作业的（　　）中进行的。
   A．编译过程　　　　　　　　　　　B．装入过程
   C．修改过程　　　　　　　　　　　D．执行过程

21. 在五个中断中，响应优先级为 0＞1＞2＞3＞4，处理优先级为 4＞0＞2＞1＞3，则中断 1 的屏蔽字为（　　）。
   A．01111　　　　B．11000　　　　C．10110　　　　D．01010

22. 以下关于固态硬盘的说法中，错误的是（　　）。
   A．固态硬盘的写速度慢，读速度快
   B．固态硬盘支持随机访问
   C．固态硬盘重复写同一个块可能会减少寿命
   D．磨损均衡机制的目的是加快硬盘读写速度

23. 下列关于进程状态的说法中，正确的是（　　）。
   I．从运行态到阻塞态的转换是进程的"自主"行为
   II．从阻塞态到就绪态的转换是由协作进程决定的
   III．一次 I/O 操作的结束，将会导致一个进程由就绪变为运行
   IV．一个运行的进程用完了分配给它的时间片后，它的状态变为阻塞
   V．在进程状态转换中，"就绪→阻塞"是不可能发生的
   A．I、II 和 III　　　　　　　　　　B．I、II 和 V
   C．I、II 和 IV　　　　　　　　　　D．I、II、III 和 V

24. 并发进程运行时，其推进的相对速度（　　）。
   A．由进程的程序结构决定　　　　　B．由进程自己的代码控制
   C．与进程调度策略有关　　　　　　D．在进程创建时确定的

25. 有一个计数信号量 S，若干进程对 S 进行了 28 次 P 操作和 18 次 V 操作后，信号量 S 的值为 0，然后又对信号量 S 进行了 3 次 V 操作。此时有（　　）个进程等待在信号量 S 的队列中。
   A．2　　　　　　B．0　　　　　　C．3　　　　　　D．7

26. 利用银行家算法进行安全序列检查时，不需要的参数是（　　）。
   A．系统资源总数　　　　　　　　　B．满足系统安全的最少资源数
   C．用户最大需求数　　　　　　　　D．用户已占有的资源数

27. 支持程序存放在不连续内存中的存储管理方法有（　　）。
   I．动态分区分配　　II．固定分区分配　　III．分页式分配
   IV．段页式分配　　　V．分段式分配
   A．I 和 II　　　　　　　　　　　　B．III 和 IV
   C．III、IV 和 V　　　　　　　　　D．I、III、IV 和 V

28. 下列关于页式存储的说法中，正确的是（　　）。
   I．在页式存储管理中，若无 TLB 和 Cache，则每访问一条数据都至少需要访问 2 次内存。
   II．页式存储管理不会产生内部碎片
   III．页式存储管理当中的页面是用户可以感知的
   IV．页式存储方式可以采用静态重定位
   A．I、II 和 IV　　　　　　　　　　B．I 和 IV

第 4 页（共 8 页）

C. I
D. I 和 III

29. 在请求分页存储管理系统中，地址变换过程可能会因为（　　）而产生中断。
I. 地址越界　　　II. 缺页
III. 访问权限错误　　IV. 内存溢出
A. I 和 II
B. I、II、III 和 IV
C. 仅 II
D. I、II 和 III

30. 虚拟存储管理系统的基础是程序的（　　）。
A. 动态性
B. 虚拟性
C. 全局性
D. 局部性

31. 下列关于文件系统的说法中，正确的是（　　）。
A. 文件系统负责文件存储空间的管理但不能实现文件名到物理地址的转换
B. 在多级目录结构中对文件的访问是通过路径名和用户目录名进行的
C. 文件可以被划分成大小相等的若干物理块且物理块大小也可任意指定
D. 逻辑记录是对文件进行存取操作的基本单位

32. 在下列选项中，正确的是（　　）。
A. 在现代计算机系统中，只有 I/O 设备才是有效中断源
B. 在中断处理过程中，必须屏蔽中断（即禁止发生新的中断）
C. 同一用户所使用的 I/O 设备可以并行工作
D. Spooling 是脱机 I/O 系统

33. 在一种网络中，超过一定长度，传输介质中的数据就会衰减。如果需要比较长的传输距离，那么就需要安装（　　）设备。
A. 放大器
B. 中继器
C. 路由器
D. 网桥

34. 以下滑动窗口协议中，一定按序接收到达的分组的有（　　）。
I. 停止-等待协议　　II. 后退 N 帧协议　　III. 选择重传协议
A. I 和 II
B. I 和 III
C. II 和 III
D. I、II 和 III

35. 以下几种 CSMA 协议中，什么协议在监听到介质是空闲时一定发送（　　）。
I. 1-坚持 CSMA　　II. p-坚持 CSMA　　III. 非坚持 CSMA
A. 只有 I
B. I 和 III
C. I 和 II
D. I、II 和 III

36. 一台主机的 IP 地址为 11.1.1.100，子网掩码为 255.0.0.0。现在用户需要配置该主机的默认路由。经过观察发现，与该主机直接相连的路由器具有如下 4 个 IP 地址和子网掩码：
I. IP 地址：11.1.1.1，子网掩码：255.0.0.0
II. IP 地址：11.1.2.1，子网掩码：255.0.0.0
III. IP 地址：12.1.1.1，子网掩码：255.0.0.0
IV. IP 地址：13.1.2.1，子网掩码：255.0.0.0
问 IP 地址和子网掩码可能是该主机默认路由的是（　　）。
A. I 和 II
B. I 和 III
C. I、III 和 IV
D. III 和 IV

37. ARP 的作用是由 IP 地址求 MAC 地址，某结点响应其他结点的 ARP 请求是通过（　　）发送的。

   A．单播　　　　　　　　　　　　B．组播

   C．广播　　　　　　　　　　　　D．点播

38. R_1 和 R_2 是一个自治系统中采用 RIP 路由协议的两个相邻路由器，R_1 的路由表如表 1 所示，当 R_1 收到 R_2 发送的报文（见表 2）后，R_1 更新的 3 个路由表项中距离值从上到下依次为（　　）。

表 1　R_1 的路由表

目的网络	距离	路由
10.0.0.0	0	直接
20.0.0.0	7	R_2
30.0.0.0	4	R_2

表 2　R_2 发送的报文

目的网络	距离
10.0.0.0	3
20.0.0.0	4
30.0.0.0	3

   A．0，4，3　　　　　　　　　　　B．0，4，4

   C．0，5，3　　　　　　　　　　　D．0，5，4

39. TCP 是互联网中的传输层协议，TCP 协议进行流量控制的方式是（　　）。

   A．使用停等 ARQ 协议

   B．使用后退 N 帧 ARQ 协议

   C．使用固定大小的滑动窗口协议

   D．使用可变大小的滑动窗口协议

40. 在下列有关应用服务的说法中，错误的是（　　）。

   A．E-mail 以文本形式或 HTML 格式进行信息传递，而图像等文件可以作为附件进行传递

   B．利用 FTP 服务可从远程计算机获取文件，能将文件从本地机器传送到远程计算机

   C．DNS 用于提供域名解析；电子公告牌 BBS 用于信息发布、浏览、讨论等服务

   D．WWW 应用服务将主机变成远程服务器的一个虚拟终端

二、综合应用题

第 41～47 题，共 70 分。

41. （9 分）输入关键字序列（15, 10, 24, 47, 37, 68, 50），建立大根堆。请回答：

   1）堆是顺序还是非顺序结构？

   2）使用 C 或 C++语言，给出堆的数据结构定义。

   3）画图模拟出大根堆的建堆过程。

42. （14 分）假设二叉树采用二叉链表存储结构，设计一个算法求其指定的第 k 层（$k > 1$，根是第 1 层）的叶子结点个数，要求：

   1）给出算法的基本设计思想。

   2）写出二叉树采用的存储结构代码。

   3）根据设计思想，采用 C 或 C++语言描述算法，关键之处给出注释。

43. （11 分）假定一台 16 位字长的机器中带符号整数用补码表示，浮点数的机器数表示如下图，寄存器 R1 和 R2 的内容分别为 R1: 037AH, R2: F895H。不同指令对寄存器进行不同操作，因而，不同指令执行时寄存器内容对应的真值不同。假定执行下列运算指令时，操作数为寄存器 R1 和 R2 的内容，结果存入 R1，请问 R1 的真值是多少（包括溢出判断）？

1）有符号数加法指令 $(R1) + (R2) \rightarrow R1$。

2）无符号整数减法指令 $(R1) - (R2) \rightarrow R1$。

3）浮点数减法指令 $(R1) - (R2) \rightarrow R1$。

假定浮点机器数的阶码和尾数分别用移码（置偏值为 15）和原码表示，且数符 1 位，阶码 5 位，尾数 10 位，规格化表示，隐含 1 位，格式如下：

数符	阶码	尾数
1位	5位	10位

44. （12 分）某计算机的主存地址为 32 位，Cache 容量为 512KB，Cache 块大小为 32B，采用 4 路组相联，LRU 替换算法，写回法写策略。请回答：

1）Cache 控制部分每行至少多少位？主存地址为 12345678H，且 Cache 号命中，则命中的 cache 组号是什么？

2）采用 4 个 $1G \times 8$ 位存储器，低位交叉工作方式，一个存储体存储周期 20ns，总线与主存的数据传输一次为 32 位，则 32 位总线频率为多少？总线传输一个数据块（采用猝发传输）所用时间为多少？

45. （8 分）把 N 名学生和 1 名监考老师都视为进程，老师在考场中，考场门口每次只能进出一个人，原则是先来先进。当 N 名学生都进入考场后，老师才能发卷子，考试时间不限，学生做完后即可交卷并离开考场，老师要等所有学生都已交卷才能封装试卷并离开考场。请用信号量机制实现学生和老师的进程，并说明所定义信号量的含义（要求用伪代码表示）。

46. （7 分）某文件系统的最大容量为 2^{42} 字节，以磁盘块为基本分配单位。磁盘块大小为 1024 字节。文件分配采用索引分配，索引表大小为 1024 字节。索引表采用直接索引结构，索引表中存放文件占用的磁盘块号。请问：

1）索引表项中块号最少占多少字节？

2）可支持的最大文件是多少字节？

3）若采用一级间接索引，可支持的最大文件是多少字节？

47. （9 分）如下图所示，一台路由器连接 3 个以太网。

请根据图中给出的参数回答如下问题：

1）该 TCP/IP 网络使用的是哪一类 IP 地址？

2）写出该网络划分子网后所采用的子网掩码。

3）系统管理员将计算机 D 和 E 按照图中所示结构连入网络，并使用所分配的地址对

TCP/IP 软件进行常规配置后，发现这两台机器上的网络应用程序不能够正常通信。为什么？

4）如果你在主机 C 上要发送一个 IP 分组，使得主机 D 和主机 E 都会接收它，而子网 3 和子网 4 上的主机都不会接收它，那么该 IP 分组应该填写什么样的目标 IP 地址？

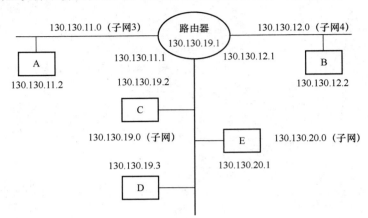

考生信息条形码粘贴位置

试卷条形码粘贴位置

二、综合应用题：41～47 小题，共 70 分。

41.

请在各题目的答题区域内作答，超出答题区域的答案无效

考生姓名：＿＿＿

42.

请在各题目的答题区域内作答，超出答题区域的答案无效

考生信息条形码粘贴位置

试卷条形码粘贴位置

45.

请在各题目的答题区域内作答，超出答题区域的答案无效

考生姓名：_____

46.

请在各题目的答题区域内作答，超出答题区域的答案无效

47.

请在各题目的答题区域内作答，超出答题区域的答案无效

全国硕士研究生入学统一考试

计算机学科专业学位联考答题卡 2

报考单位

考生姓名

准考证号（左对齐）

44.

请在各题目的答题区域内作答，超出答题区域的答案无效

43.

请在各题目的答题区域内作答，超出答题区域的答案无效

全国硕士研究生入学统一考试

计算机科学与技术学科联考答题卡 1

报考单位

考生姓名

准考证号（左对齐）

注意事项

1. 填（书）写必须使用黑色字迹签字笔，笔迹工整、字迹清楚；涂写部分必须使用 2B 铅笔填涂。
2. 选择题答案必须用 2B 铅笔涂在答题卡相应题号的选项上，非选择题答案必须书写在答题卡指定位置的边框区域内。超出答题区域书写的答案无效；在草稿纸、试题册上答题无效。
3. 保持答题卡整洁、不要折叠，严禁在答题卡上做任何标记，否则按无效答卷处理。
4. 考生须把试题册上的"试卷条形码"粘贴在答题卡的"试卷条形码粘贴位置"框中。

正确涂卡 ▬

错误涂卡 ☑ ☒ ◧ ● ◑ ▨ ▭

缺考标记 □ 缺考考生由监考员贴条码，并用 2B 铅笔填涂缺考标记。加盖缺考章时，请勿遮盖信息点。

一、单项选择题：1 ～ 40 小题，每小题 2 分，共 80 分。

阴影部分请勿作答或做任何标记

二、综合应用题：41 ～ 47 小题，共 70 分。

41.

请在各题目的答题区域内作答，超出答题区域的答案无效

42.

请在各题目的答题区域内作答，超出答题区域的答案无效

45.

请在各题目的答题区域内作答，超出答题区域的答案无效

考生姓名：＿＿＿＿

46.

请在各题目的答题区域内作答，超出答题区域的答案无效

47.

请在各题目的答题区域内作答，超出答题区域的答案无效

全国硕士研究生入学统一考试

计算机学科专业学位联考答题卡 2

报考单位

考生姓名

准考证号（左对齐）

44.

请在各题目的答题区域内作答，超出答题区域的答案无效

43.

请在各题目的答题区域内作答，超出答题区域的答案无效

全国硕士研究生入学统一考试

计算机科学与技术学科联考答题卡 1

报考单位

考生姓名

准考证号（左对齐）

注意事项

1. 填（书）写必须使用黑色字迹签字笔，笔迹工整、字迹清楚；涂写部分必须使用 2B 铅笔填涂。
2. 选择题答案必须用 2B 铅笔涂在答题卡相应题号的选项上，非选择题答案必须书写在答题卡指定位置的边框区域内。超出答题区域书写的答案无效；在草稿纸、试题册上答题无效。
3. 保持答题卡整洁、不要折叠，严禁在答题卡上做任何标记，否则按无效答卷处理。
4. 考生须把试题册上的"试卷条形码"粘贴在答题卡的"试卷条形码粘贴位置"框中。

正确涂卡 ▬

错误涂卡 ☑ ☒ ◧ ▢ ● ◳ ⬚ ▭

缺考标记 ▢　缺考考生由监考员贴条码，并用 2B 铅笔填涂缺考标记。加盖缺考章时，请勿遮盖信息点。

一、单项选择题：1～40 小题，每小题 2 分，共 80 分。

阴影部分请勿作答或做任何标记

二、综合应用题：41 ～ 47 小题，共 70 分。

41.

请在各题目的答题区域内作答，超出答题区域的答案无效

考生姓名：_____

42.

请在各题目的答题区域内作答，超出答题区域的答案无效

考生信息条形码粘贴位置

试卷条形码粘贴位置

45.

请在各题目的答题区域内作答，超出答题区域的答案无效

考生姓名：____

46.

请在各题目的答题区域内作答，超出答题区域的答案无效

47.

全国硕士研究生入学统一考试

计算机学科专业学位联考答题卡 2

报考单位

考生姓名

准考证号（左对齐）

44.

请在各题目的答题区域内作答，超出答题区域的答案无效

43.

全国硕士研究生入学统一考试

计算机科学与技术学科联考答题卡 1

报考单位

考生姓名

准考证号（左对齐）

注意事项

1. 填（书）写必须使用黑色字迹签字笔，笔迹工整、字迹清楚；涂写部分必须使用 2B 铅笔填涂。
2. 选择题答案必须用 2B 铅笔涂在答题卡相应题号的选项上，非选择题答案必须书写在答题卡指定位置的边框区域内。超出答题区域书写的答案无效；在草稿纸、试题册上答题无效。
3. 保持答题卡整洁、不要折叠，严禁在答题卡上做任何标记，否则按无效答卷处理。
4. 考生须把试题册上的"试卷条形码"粘贴在答题卡的"试卷条形码粘贴位置"框中。

正确涂卡 ▬   **错误涂卡** ☑ ☒ ◧ ● ◌ ☑ ▬

缺考标记 ☐   缺考考生由监考员贴条码，并用2B铅笔填涂缺考标记。加盖缺考章时，请勿遮盖信息点。

一、单项选择题：1～40 小题，每小题 2 分，共 80 分。

阴影部分请勿作答或做任何标记

二、综合应用题：41 ～ 47 小题，共 70 分。

41.

请在各题目的答题区域内作答，超出答题区域的答案无效

考生姓名：_____

42.

请在各题目的答题区域内作答，超出答题区域的答案无效

考生信息条形码粘贴位置

试卷条形码粘贴位置

45.

请在各题目的答题区域内作答，超出答题区域的答案无效

考生姓名：____

46.

请在各题目的答题区域内作答，超出答题区域的答案无效

47.

请在各题目的答题区域内作答，超出答题区域的答案无效

全国硕士研究生入学统一考试

计算机学科专业学位联考答题卡 2

报考单位

考生姓名

准考证号（左对齐）

44.

请在各题目的答题区域内作答，超出答题区域的答案无效

43.

请在各题目的答题区域内作答，超出答题区域的答案无效

全国硕士研究生入学统一考试

计算机科学与技术学科联考答题卡 1

报考单位

考生姓名

准考证号（左对齐）

注意事项

1. 填（书）写必须使用黑色字迹签字笔，笔迹工整、字迹清楚；涂写部分必须使用 2B 铅笔填涂。
2. 选择题答案必须用 2B 铅笔涂在答题卡相应题号的选项上，非选择题答案必须书写在答题卡指定位置的边框区域内。超出答题区域书写的答案无效；在草稿纸、试题册上答题无效。
3. 保持答题卡整洁、不要折叠，严禁在答题卡上做任何标记，否则按无效答卷处理。
4. 考生须把试题册上的"试卷条形码"粘贴在答题卡的"试卷条形码粘贴位置"框中。

正确涂卡 ▬

错误涂卡 ☑ ☒ ▮ ● � ☑ ▬

缺考标记 ☐ 缺考考生由监考员贴条码，并用 2B 铅笔填涂缺考标记。加盖缺考章时，请勿遮盖信息点。

一、单项选择题：1～40 小题，每小题 2 分，共 80 分。

阴影部分请勿作答或做任何标记

考生信息条形码粘贴位置

试卷条形码粘贴位置

二、综合应用题：41 ～ 47 小题，共 70 分。

41.

请在各题目的答题区域内作答，超出答题区域的答案无效

42.

考生信息条形码粘贴位置

试卷条形码粘贴位置

45.

请在各题目的答题区域内作答，超出答题区域的答案无效

考生姓名：_____

46.

请在各题目的答题区域内作答，超出答题区域的答案无效

47.

请在各题目的答题区域内作答，超出答题区域的答案无效

全国硕士研究生入学统一考试

计算机学科专业学位联考答题卡 2

报考单位	
考生姓名	

准考证号（左对齐）

0	0	0	0	0	0	0	0	0	0	0	0	0	0	0
1	1	1	1	1	1	1	1	1	1	1	1	1	1	1
2	2	2	2	2	2	2	2	2	2	2	2	2	2	2
3	3	3	3	3	3	3	3	3	3	3	3	3	3	3
4	4	4	4	4	4	4	4	4	4	4	4	4	4	4
5	5	5	5	5	5	5	5	5	5	5	5	5	5	5
6	6	6	6	6	6	6	6	6	6	6	6	6	6	6
7	7	7	7	7	7	7	7	7	7	7	7	7	7	7
8	8	8	8	8	8	8	8	8	8	8	8	8	8	8
9	9	9	9	9	9	9	9	9	9	9	9	9	9	9

44.

请在各题目的答题区域内作答，超出答题区域的答案无效

43.

全国硕士研究生入学统一考试

计算机科学与技术学科联考答题卡 1

报考单位	
考生姓名	

准考证号（左对齐）

注意事项

1. 填（书）写必须使用黑色字迹签字笔，笔迹工整、字迹清楚；涂写部分必须使用 2B 铅笔填涂。
2. 选择题答案必须用 2B 铅笔涂在答题卡相应题号的选项上，非选择题答案必须书写在答题卡指定位置的边框区域内。超出答题区域书写的答案无效；在草稿纸、试题册上答题无效。
3. 保持答题卡整洁、不要折叠，严禁在答题卡上做任何标记，否则按无效答卷处理。
4. 考生须把试题册上的"试卷条形码"粘贴在答题卡的"试卷条形码粘贴位置"框中。

正确涂卡 ▬   **错误涂卡** ☑ ☒ ◨ ● ◐ ⊘ ▭

缺考标记 ☐   缺考考生由监考员贴条码，并用 2B 铅笔填涂缺考标记。加盖缺考章时，请勿遮盖信息点。

一、单项选择题：1～40 小题，每小题 2 分，共 80 分。

```
 1  2  3  4  5      6  7  8  9  10      11 12 13 14 15      16 17 18 19 20
[A][A][A][A][A]   [A][A][A][A][A]    [A][A][A][A][A]    [A][A][A][A][A]
[B][B][B][B][B]   [B][B][B][B][B]    [B][B][B][B][B]    [B][B][B][B][B]
[C][C][C][C][C]   [C][C][C][C][C]    [C][C][C][C][C]    [C][C][C][C][C]
[D][D][D][D][D]   [D][D][D][D][D]    [D][D][D][D][D]    [D][D][D][D][D]

21 22 23 24 25     26 27 28 29 30     31 32 33 34 35      36 37 38 39 40
[A][A][A][A][A]   [A][A][A][A][A]    [A][A][A][A][A]    [A][A][A][A][A]
[B][B][B][B][B]   [B][B][B][B][B]    [B][B][B][B][B]    [B][B][B][B][B]
[C][C][C][C][C]   [C][C][C][C][C]    [C][C][C][C][C]    [C][C][C][C][C]
[D][D][D][D][D]   [D][D][D][D][D]    [D][D][D][D][D]    [D][D][D][D][D]
```

阴影部分请勿作答或做任何标记

二、综合应用题：41 ～ 47 小题，共 70 分。

41.

请在各题目的答题区域内作答，超出答题区域的答案无效

考生姓名：＿＿＿

42.

请在各题目的答题区域内作答，超出答题区域的答案无效

考生信息条形码粘贴位置

试卷条形码粘贴位置

45.

请在各题目的答题区域内作答，超出答题区域的答案无效

考生姓名：＿＿＿

46.

请在各题目的答题区域内作答，超出答题区域的答案无效

47.

请在各题目的答题区域内作答，超出答题区域的答案无效

全国硕士研究生入学统一考试

计算机学科专业学位联考答题卡 2

报考单位

考生姓名

准考证号（左对齐）

44.

请在各题目的答题区域内作答，超出答题区域的答案无效

43.

全国硕士研究生入学统一考试

计算机科学与技术学科联考答题卡 1

报考单位	

考生姓名	

准考证号（左对齐）

```
0 0 0 0 0 0 0 0 0 0 0 0 0 0 0
1 1 1 1 1 1 1 1 1 1 1 1 1 1 1
2 2 2 2 2 2 2 2 2 2 2 2 2 2 2
3 3 3 3 3 3 3 3 3 3 3 3 3 3 3
4 4 4 4 4 4 4 4 4 4 4 4 4 4 4
5 5 5 5 5 5 5 5 5 5 5 5 5 5 5
6 6 6 6 6 6 6 6 6 6 6 6 6 6 6
7 7 7 7 7 7 7 7 7 7 7 7 7 7 7
8 8 8 8 8 8 8 8 8 8 8 8 8 8 8
9 9 9 9 9 9 9 9 9 9 9 9 9 9 9
```

注意事项

1. 填（书）写必须使用黑色字迹签字笔，笔迹工整、字迹清楚；涂写部分必须使用 2B 铅笔填涂。
2. 选择题答案必须用 2B 铅笔涂在答题卡相应题号的选项上，非选择题答案必须书写在答题卡指定位置的边框区域内。超出答题区域书写的答案无效；在草稿纸、试题册上答题无效。
3. 保持答题卡整洁、不要折叠，严禁在答题卡上做任何标记，否则按无效答卷处理。
4. 考生须把试题册上的"试卷条形码"粘贴在答题卡的"试卷条形码粘贴位置"框中。

正确涂卡	▬	错误涂卡	☑ ☒ ▮ ● ◺ ◹ ▬
缺考标记	☐	缺考考生由监考员贴条码，并用2B铅笔填涂缺考标记。加盖缺考章时，请勿遮盖信息点。	

一、单项选择题：1～40 小题，每小题 2 分，共 80 分。

```
1  2  3  4  5      6  7  8  9  10     11 12 13 14 15     16 17 18 19 20
A  A  A  A  A      A  A  A  A  A      A  A  A  A  A      A  A  A  A  A
B  B  B  B  B      B  B  B  B  B      B  B  B  B  B      B  B  B  B  B
C  C  C  C  C      C  C  C  C  C      C  C  C  C  C      C  C  C  C  C
D  D  D  D  D      D  D  D  D  D      D  D  D  D  D      D  D  D  D  D

21 22 23 24 25     26 27 28 29 30     31 32 33 34 35     36 37 38 39 40
A  A  A  A  A      A  A  A  A  A      A  A  A  A  A      A  A  A  A  A
B  B  B  B  B      B  B  B  B  B      B  B  B  B  B      B  B  B  B  B
C  C  C  C  C      C  C  C  C  C      C  C  C  C  C      C  C  C  C  C
D  D  D  D  D      D  D  D  D  D      D  D  D  D  D      D  D  D  D  D
```

阴影部分请勿作答或做任何标记

二、综合应用题：41～47 小题，共 70 分。

41.

请在各题目的答题区域内作答，超出答题区域的答案无效

考生姓名：＿＿＿

42.

请在各题目的答题区域内作答，超出答题区域的答案无效

考生信息条形码粘贴位置

试卷条形码粘贴位置

45.

请在各题目的答题区域内作答，超出答题区域的答案无效

考生姓名：_____

46.

请在各题目的答题区域内作答，超出答题区域的答案无效

47.

请在各题目的答题区域内作答，超出答题区域的答案无效

全国硕士研究生入学统一考试

计算机学科专业学位联考答题卡 2

报考单位

考生姓名

准考证号（左对齐）

44.

请在各题目的答题区域内作答，超出答题区域的答案无效

43.

请在各题目的答题区域内作答，超出答题区域的答案无效

全国硕士研究生入学统一考试

计算机科学与技术学科联考答题卡 1

报考单位

考生姓名

准考证号（左对齐）

注意事项

1. 填（书）写必须使用黑色字迹签字笔，笔迹工整、字迹清楚；涂写部分必须使用 2B 铅笔填涂。
2. 选择题答案必须用 2B 铅笔涂在答题卡相应题号的选项上，非选择题答案必须书写在答题卡指定位置的边框区域内。超出答题区域书写的答案无效；在草稿纸、试题册上答题无效。
3. 保持答题卡整洁、不要折叠，严禁在答题卡上做任何标记，否则按无效答卷处理。
4. 考生须把试题册上的"试卷条形码"粘贴在答题卡的"试卷条形码粘贴位置"框中。

正确涂卡	▬	错误涂卡	☑ ☒ ▮ ▢ ● ◑ ╱ ▬
缺考标记	▢	缺考考生由监考员贴条码，并用2B铅笔填涂缺考标记。加盖缺考章时，请勿遮盖信息点。	

一、单项选择题：1～40 小题，每小题 2 分，共 80 分。

阴影部分请勿作答或做任何标记

考生信息条形码粘贴位置

试卷条形码粘贴位置

二、综合应用题：41 ～ 47 小题，共 70 分。

41.

请在各题目的答题区域内作答，超出答题区域的答案无效

考生姓名：_____

42.

请在各题目的答题区域内作答，超出答题区域的答案无效

考生信息条形码粘贴位置

试卷条形码粘贴位置

45.

请在各题目的答题区域内作答，超出答题区域的答案无效

考生姓名：_____

46.

请在各题目的答题区域内作答，超出答题区域的答案无效

47.

请在各题目的答题区域内作答，超出答题区域的答案无效

全国硕士研究生入学统一考试

计算机学科专业学位联考答题卡 2

报考单位

考生姓名

准考证号（左对齐）

44.

请在各题目的答题区域内作答，超出答题区域的答案无效

43.

请在各题目的答题区域内作答，超出答题区域的答案无效

全国硕士研究生入学统一考试

计算机科学与技术学科联考答题卡 1

报考单位

考生姓名

准考证号（左对齐）

注意事项

1. 填（书）写必须使用黑色字迹签字笔，笔迹工整、字迹清楚；涂写部分必须使用 2B 铅笔填涂。
2. 选择题答案必须用 2B 铅笔涂在答题卡相应题号的选项上，非选择题答案必须书写在答题卡指定位置的边框区域内。超出答题区域书写的答案无效；在草稿纸、试题册上答题无效。
3. 保持答题卡整洁、不要折叠，严禁在答题卡上做任何标记，否则按无效答卷处理。
4. 考生须把试题册上的"试卷条形码"粘贴在答题卡的"试卷条形码粘贴位置"框中。

| 正确涂卡 | ▬ | 错误涂卡 | ☑ ☒ ▮ ● ◢ ◿ ▬ |
| 缺考标记 | ☐ | 缺考考生由监考员贴条码，并用 2B 铅笔填涂缺考标记。加盖缺考章时，请勿遮盖信息点。 |

一、单项选择题：1 ～ 40 小题，每小题 2 分，共 80 分。

阴影部分请勿作答或做任何标记